莫內的盛宴

印象派之父
花園裡的
烹飪筆記

文字 克萊兒・喬伊斯 Claire Joyes

序 喬埃・侯布雄 Joël Robuchon

資料提供 尚－馬利・圖勒古瓦 Jean-Marie Toulgouat

攝影 尚－貝納・諾丹 Jean-Bernard Naudin

設計 娜努・比洛特 Nanou Billault

翻譯 陳文瑤

紀念 Marguerite。

僅將這些字句誠摯獻給 Kaki de Cossé-Brissac。

莫內的盛宴

Les Carnets de Cuisine de Monet

文
克萊兒・喬伊斯 *Claire Joyes*

序
喬埃・侯布雄 *Joël Robuchon*

資料提供
尚一馬利・圖勒古瓦 *Jean-Marie Toulgouat*

攝影
尚一貝納・諾丹 *Jean-Bernard Naudin*

設計
娜努・比洛特 *Nanou Billault*

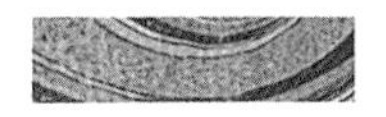

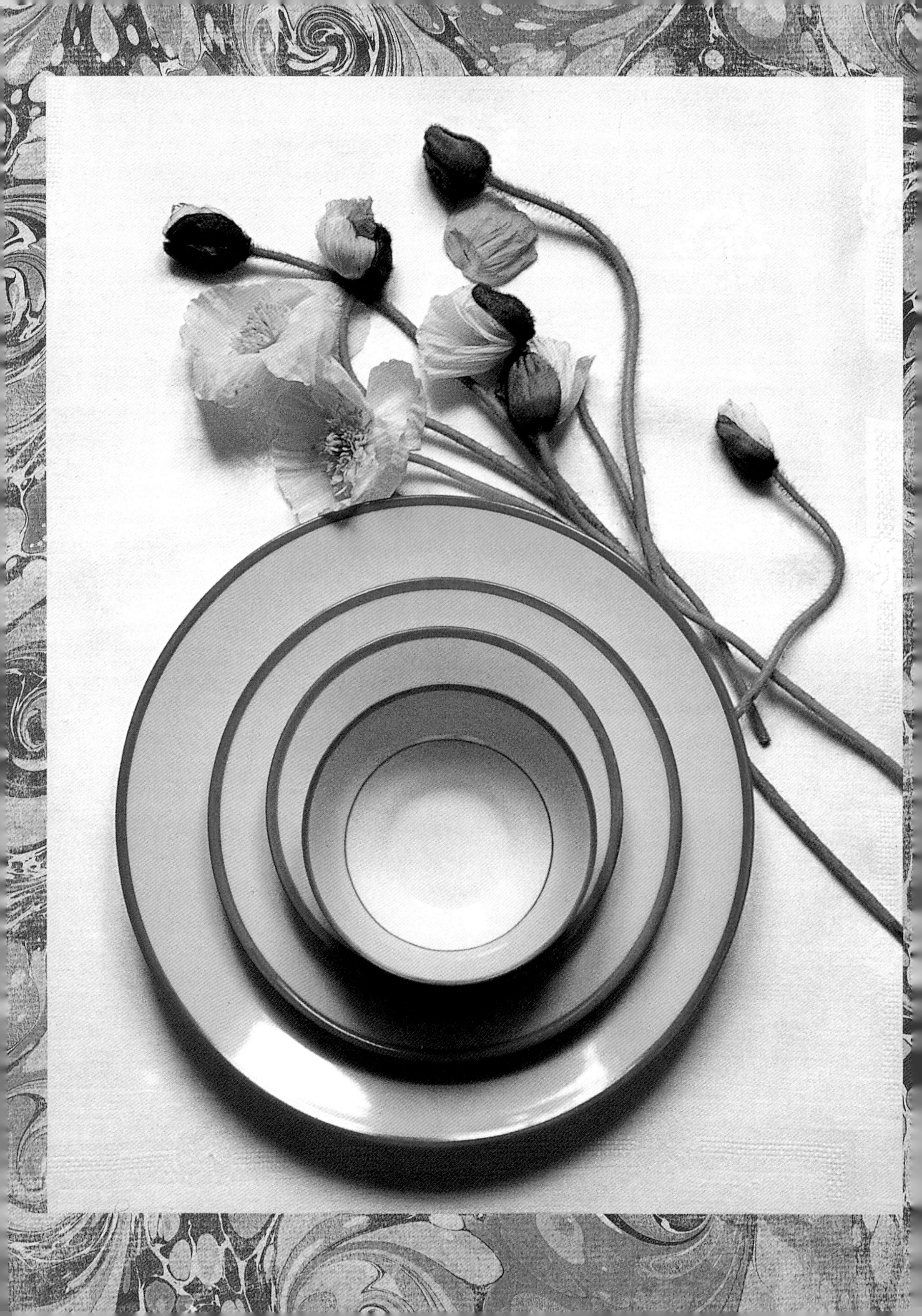

致謝

作者群與編者在此要特別感謝美心外燴（Maxim's Traiteur）的經理Nathalie Révillon女士，書中拍攝的菜餚，都是她斟酌考究、竭心盡力完成的。

我想對這些不吝出借種種物件，協助我得以重建莫內之家的氛圍的人表達謝意：Les cristalleries de Saint Louis, Haviland & Parlon、Gérard Danton、Alain Fassier、Christian Benais、Jean-Pierre de Castro、Constance Maupin、Madeleine Gely、Hubert Brugiére、Artémise & Cunégonde、Jean-Claude Romain、Pierre G. Bernard、Fanette、la Tuile à loup、Au Bon Usage、Au Puceron Chineur、Eric Dubois、Madame est servie、la galerie Paramythiotis、Nathalie Mabille de la crêperie de Villers-en-Arthies、Fauchon、Cassegrain、Ercuis。

娜努．比洛特

我想在此感謝法蘭西學院院士同時是克勞德．莫內博物館的館長Gérald Van der Kemp先生，與Gérald Van der Kemp女士對這個計畫不遺餘力的支持，Claudette Lindsey女士極具效率與熱情的協助，以及Nathalie Mabille女士、Catherine Gourdain小姐。

克萊兒．喬伊斯

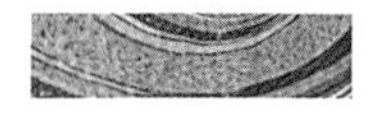

目錄

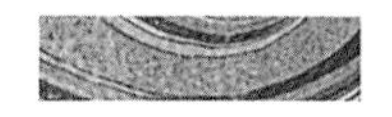

序

我認識了一位巨人。

離開出生地普瓦圖（Poitou）之後，為了能在我熱愛的工作領域獲得更好的發展，我成為巴黎的養子。

1980 年，當我還是日航飯店（l'hôtel Nikko）的主廚時，曾經到吉維尼（Giverny）參觀克勞德・莫內（Claude Monet）的故居，那次的所見所聞到現在我仍然記憶猶新。

花園裡盛開的花朵和諧地譜出一首自然交響樂，畫家那美麗房子裡的裝飾與靈巧布局真切地觸動了我。

房子裡，漆成鉻黃色的偌大飯廳令人印象深刻，莫內一家講究而奢華的生活畫面自然而然在我腦海裡浮現。我目不轉睛看著那些廚具，思索其中蘊含的烹調藝術，而裝飾著簡潔藍色釉彩磁磚的寬敞廚房，帶領我進入他們專注烹煮種種可口食物的現場。這一切，或許在不知不覺中已然替我勾勒出未來理想餐廳的模樣。

那一天，我腦海裡突然閃過一個念頭：若是哪天能夠一窺這個家族的美食祕密並如法炮製，那將是何等的快意、何等的振奮人心啊。如今，在發現克勞德．莫內的烹飪手札之後，經過克萊兒．喬伊斯與尚—馬利．圖勒古瓦的一番努力，這個願望終於得以實現。試做這些食譜的過程裡我感到非常愉快，而我也能肯定地說，要做出這些菜真的不再是件難事了。

為了進一步了解這位藝術家，從他記述的豐盛菜餚來探知其性格，我大量閱讀相關書籍，透過這些閱讀，我得以認識這位巨人，這位戰勝生命的榮枯起落、經歷人世滄桑的好男人。莫內的友人與一些傳記作家都提過，他對吃極為講究，簡直跟美食家無異，當然免不了有些個人癖好。出入他們家的訪客絡繹不絕，像是克里蒙梭（Georges Clemenceau）、雷諾瓦（August Renoir）、畢沙羅（Camille Pissarro）、杜宏—胡耶爾（Paul Durand-Ruel），莫內會為家人、好友親自切開野味，烤肉與家禽。他獨鍾阿爾薩斯（Alsace）的鵝肝，偏好佩里戈爾（Périgord）的松露，愛吃魚，特別是他那池子裡的白斑狗魚。

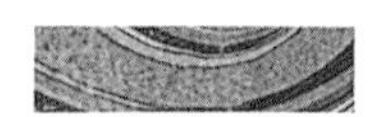

照料得宜的菜園裡，有他酷愛的洋香菜、龍蒿、蝦夷蔥、香料植物、來自法國南部的蔬菜、巴黎蘑菇，他總吩咐人在黎明時細心採收。發現莫內所記錄的這些食譜令我又驚又喜，因為它如同一塊真正的調色盤，充滿美好的意義，讓人能做出簡單又有品味、齒頰留香的菜餚。這些菜有些非常簡單，有些則難到甚至接近專業等級，在那個年代堪稱是行家手藝。別忘了，當時可沒有今天我們下廚時各種不可或缺的廚具。

為了這麼多的創意、如此的慷慨，為了這些見證那真切存在、貪戀美食的舊日美味食譜，這些珍貴的手札，為了這樣一種日常的生活藝術。

謝謝您，克勞德·莫內。

喬埃·侯布雄
Jamin 餐廳主廚
1989 年 5 月

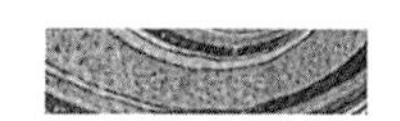

一個時代的品味

LE GOÛT D'UNE ÉPOQUE

1900 年秋天，在瑪爾特與西奧多．巴爾特盛大的婚禮午宴上，親友們齊聚一堂。

世紀末的餐桌
Une table fin de siècle

1884 年 2 月 4 日，吃到了人生中第一根香蕉，從今以後直到下地獄，我都不想再吃這種東西了。 ——朱爾．荷納（Jules Renard, 1864 -1910），法國作家，《日記》。

若是一棟房子具有靈性，人們馬上會察覺。在 19 世紀末的吉維尼小鎮裡，莫內這棟房子從內到外甚至是廚房的每一個細節，無不逸趣橫生。莫內，在屬於他的時代即佔有一席之地，活在當下也畫在當下，沒有傳統的牽絆與包袱。他或許因為過分忙碌，以至於沒注意到自己正在創造歷史。

從這些烹飪手札裡，我們仍隱約可感受到莫內對波旁復辟或第二帝國的精神一種難以言喻的鄉愁，然而那些，在 1880 年都已成為過去。手札裡除了流傳已久的食譜，更融入第三共和時期的發明與新事物，而自從海上霸權崛起，開闢香料之路以來，讓人心蕩神馳的異國情調更早已是不可或缺的調味料。

對頁：
我們會先在廚房裡將刀叉餐具等先準備好，再一一拿到飯廳餐桌上。

右：
莫內，《草地上的午餐》（*Le déjeuner sur l'herbe*）左側畫面；1865-1866，巴黎，奧塞美術館。

該如何看待這麼一個貪戀美食的人呢？莫內對自家的料理意見很多，儘管他從來不碰鍋碗瓢盆，遑論踏進廚房一步：這點剛好與他的朋友詹姆斯・惠斯勒（James Whistler）或亞歷山大・小仲馬（Alexandre Dumas fils）相反。所以有一次莫內與庫爾貝（Gustave Courbet）到阿弗爾（Havre）拜訪小仲馬時，發現他正在爐灶前忙得不亦樂乎，才會大吃一驚。（那次拜訪之後，庫爾貝與小仲馬大概接連幾天都一起在廚房做菜唱歌！）

莫內對烹飪抱持什麼看法呢？要是他有寫日記就好了！討厭高談闊論不表示他沒有思想，也許長久以來，他始終不想對這件再自然不過的事情大發議論，說到底：吃得好，本來就是理所當然的！就像一些看似嚴肅又促狹風趣的醫師，常振振有辭地說心痛並不存在，因為心臟只不過是一個器官，一具維持我們體內血液運行不可或缺的馬達罷了。而莫內呢，他認為他只不過是畫自己眼睛所看到的東西，因為畫畫是每個人與生俱來的能力，不是學來的。同理，我們完全可以想像，不必引經據典或是老調重彈，莫內會說真正的烹飪只有一種，就是美味可口，讓人吃得好不快活。

吃得好是莫內的一貫作風。但是我們對他阿弗爾家中的菜色幾乎一無所知，只聽說他的母親不但親切好客，晚餐後還會高歌一曲，因為她歌喉極佳。母親過世時莫內還未滿 20 歲，那些與母親有關的記憶，連同在阿弗爾的日子因此逐漸被淡忘了。後來，莫內到阿爾及利亞的非洲騎兵團服役。他喜愛那塊土地，日後也經常提起當地的景色與天光，或許在不知不覺中，眼簾下最初的地中海風情已然在他的腦海裡歸檔。然而，莫內對於在當地所享用的一切飲食卻隻字未提。那裡的人們擅長用木炭控制火候，簡陋爐具上的陶鍋便可燉出香氣四溢的料理。莫內不可能沒嚐過，也不可能不愛上它們。或許是因為時機未到？天時地利人和下的頓悟可以讓人搖身變為美食家，但這樣的片刻是否真的存在？

不管是阿弗爾的餐桌、非洲的營地或在阿瓊特伊（Argenteuil）的菜單，本質上都是相同的。莫內與他的第一任妻子卡蜜兒（Camille）在阿瓊特伊住了四年，他們的家充滿魅力，一手打造的花園更是極具巧思，本身即是個最具說服力的邀請。人們往往到了一定年紀之後，發覺自己已老到足以對上一個時代評頭論足！我們也不例外，總之，只要追溯就能夠明白，餐桌概念的演變就如同花園風格的更迭般有其脈絡；而當我們化為塵土不再為此辯論時，亦將會有象徵主義者的餐桌、達達餐桌、甚至是結構主義者餐桌等輪番上陣取而代之。

回顧歷史的方式何其多，一旦陷入則無法自拔。於是世上所有的草莓都出自夏爾丹（Chardin）的妙筆，所有的蘋果都經過塞尚（Cézanne）加持，而所有燉雞當然都系出名門，因為牠們都是偉大的國王亨利四世愛吃的法式燉雞的嫡系子孫。如果沒有以柯爾貝特（Colbert）為名的奶油醬汁、蘇比士（Soubise）的洋蔥醬汁、黎胥留（Richelieu）血腸，或時代距離我們較近的美食外交官塔列宏（Talleyrand）、德米朵夫（Demidov），以及美食家布里亞－撒瓦罕（Brillat-Savarin）的那些信徒，還是隨著馬倫哥（Marengo）之役的勝利而來的盛宴……簡言之，如果沒有前人的餐桌，今天所謂的集體潛意識會是什麼模樣？我們又將如何把塞滿在腦袋裡那些雜亂無用的概念化為觀點？

莫內，這個從不親自下廚的人，他興致勃勃只想將別人的食譜發揚光大，而無意把哪個祕方冠上自己的名字。我們可能會誤以為這只是張平凡無奇的餐桌，但這種不考慮歷史脈絡的判斷，差不多就跟我們以為在1895年擁有一輛車是件很普通的事一樣荒謬。

當時為了獲得人們對其作品的認同，莫內經歷了嚴酷的考驗。難以擺脫的經濟困境、作畫空間的缺乏，這一切都使他無法隨心所欲地過他想要的生活。一直到1883年，找到了吉維尼這個小鎮，莫內的餐桌才得以成形。而其中主要的設計師，便是他的第二任妻子，阿麗絲．歐瑟德（Alice Hoschedé）。他們兩人齊心，創立了某種簡約的生活藝術，那即今天我們所謂的，一種風格。

每一年，整個家族熱愛汽車與野餐的人都會在蓋雍爬坡賽時齊聚。

右：
在吉維尼大家常喝凱歌（Veuve Clicquot）香檳。

對頁：
位於小徑盡頭的房子。一如既往地，色彩繽紛。

莫內與阿麗絲的餐桌唯一的野心，就是以自家菜園或是雞舍鴨棚提供的食材來烹煮美味佳餚，這同時也是一張遊子的餐桌，食譜有些來自他們光顧過的高級餐廳，有些是作家、收藏家、畫家、演員等友人提供的，若是仔細比較，我們會發現在很多當代的烹飪札記裡都能看到它們的蹤跡，不管那些料理有名與否。

他們沒有選擇巴黎近郊而決定住在鄉下，但吉維尼不同於鄉間度假小屋，它不是讓人暫時遠離城市喧囂、前來放鬆心情的地方。吉維尼的生活是一鍋滋味豐富的大雜燴，除了鄉居的純樸與難免的煩惱與擔憂，亦保留某種都會人的閒適與獨立的精神。在輝煌精彩的 19 世紀末，餐桌所扮演的角色仍備受爭議，而「吃得好」的藝術歷盡艱辛，好不容易才在一波波的嘗試中伸出觸角，對口腹之慾的追求或美食的論述尚未成熟，菜單的設計或對上菜的講究也是晚近的事。

那個時期，社會結構的重組遠比飲食習慣的改變來得快，人們特別推崇數量，只有幾個不識時務的傢伙，鼓吹質的重要與節制的好處卻徒勞無功，說起來，這些被尊稱為美學家的少數幾人，才是當今營養學家的先驅或前輩。

我們很難想像，飲食習慣與品味在這麼短的時間裡究竟受到何種衝擊與變動。比如在瑪莉－特蕾斯（Marie-Thérèse）和路易十四的婚禮上，巧克力是極其珍貴的物事；比如

伏爾泰（Voltaire）有禮而直接地批評新式烹飪，說他的胃無法接受搭配著鹹醬汁的小牛胸腺；或者把時間拉近一點，在那些所謂精緻而令人期待的晚餐裡，大家吃著白蘿蔔與甜菊苣做成的點心便覺得心滿意足，這些都讓人不禁莞爾。另外像是番茄，從文藝復興時代以來就是中歐地區餐桌上常見的食材，但在法國則完全是南方特產，起先只普及於隆河谷地，一直到法國大革命時期才終於傳到巴黎；而巴黎人頭一遭嚐到焗烤鱈魚（譯註：Brandade de morue，尼姆名菜），要歸功於在皇家宮殿（Palais-Royal）開張的「普羅旺斯兄弟」餐廳。至於人人都吃的馬鈴薯，自古便以點綴裝飾聞名。相反地，首次以食用為目的在佩里戈爾種植馬鈴薯，要等到路易十六時期；所以在一開始，馬鈴薯是高級餐桌上的菜色，只是搭配了極不協調的醬汁，窮人家一般看不到也拒絕吃它，直到 1811 年鬧飢荒，為了填飽肚子，馬鈴薯才廣為大眾接受。

19 世紀中期，在高級的晚餐裡很少看到乳酪，菜單上也不會寫。同樣地，很長的一段時間裡，並不存在所謂的酒單；侍酒師只會不厭其煩、輕聲細語在客人耳邊說著讓人聽不清楚的酒名。不過，談起布利乳酪（Brie），大家的情緒可就激動了，擅於美食外交的塔列宏，讓布利乳酪在國際晚宴上成為乳酪之王，當然，這也使他成為那次維也納會議的焦點人物。這件事發生在莫內出生的二十五年前。許多受到莫內青睞的食譜幾乎都與他同期，比如「諾曼第牛舌魚」，或是二十五年後出現的勒朵揚（Ledoyen）綠色醬汁。

每個人對口味的認知向來有著微妙的差異，1888 年，卡諾總統（譯註：Marie François Sadi Carnot，1887-94 年法蘭西第三共和總統）搭乘火車前往多菲內（Dauphiné），當時在火車上提供的甜點，莫內喜歡、所有人都喜歡，但是這麼廣受歡迎的甜點看在我們眼裡，卻可能像被稱為「噎死基督徒」的普隆貝烤餅（plomb）一樣，黏稠而難以吞嚥。這純粹是時代的差異，在那個慢慢來的時代他們可以慢慢吃，因為今天花兩小時可以到達的城鎮從前得花上八小時，當然這裡指的是搭火車。同樣地像是金屋（Maison Dorée）、英國咖啡（Café Anglais）或是哈迪（Hardy）那些獨創祕方，也得歷經一定時間才會出現在資產階級的餐桌上，或是從塞納河谷流傳出去⋯⋯除此之外，小店得有一定的客源，就像市場得有一定的貨源。魚與貝類這類「潮汐」食材，因為難以保存，保險起見還得事先預訂。

這些事情說難不難卻不免繁瑣，在在考驗著女主人組織調度、掌握全局的能力，只要能讓人在盤子裡看到當季新鮮的食物，對她們而言便是最好的回報！

當時在佩斯瓦之家（maison de Pressoir，也就是後來的莫內之家）的餐桌旁，坐滿了住在巴黎的日本人、落腳倫敦的威尼斯人或是出身英國的美國人，還有來自四面八方的遊子，好玩的是，大家最後都會歸結巴黎就是巴黎，不像在這裡，莫內不要他人送新鮮豌豆過來，說豌豆會在運輸過程中失去甜味，這不是託辭而是事實。想到那個房子裡的生活，不禁讓人有那麼一絲惆悵，總有些頑固而意志堅強的人，能秉持曾幾何時已無人實踐的「自家種植」的信仰，而這樣奢侈的鮮度，對我們來說已遙不可及。

在自家花園的莫內。儘管喜歡繁茂綺麗的花園，莫內並沒有忽略他那個時代對直線的偏好。

圓形沙龍
Le salon en rotonde

而褪色的羊皮以百合鍍了金邊
喚起了，我無法得知是經由哪一種古老的魔力，
香氣的靈魂與夢的幽影。 —— 荷塞－瑪利亞．德．艾瑞迪亞（José Maria de Heredia），法國詩人

我們到底是應該追究，還是感激這些駕馭我們勝過被我們駕馭的房子？實際上，莫內和阿麗絲因為一個圓形沙龍而相識，而只有位於蒙特杰翁（Montgeron）的荷托姆城堡（Château de Rottenbourg）裡這個大空間的建築形式，能攪亂一池春水，帶給他們難以預想的人生。

1876 年印象派的一次展覽，遭受《費加洛報》專欄記者阿爾貝特．沃福（Albert Wolff）的尖銳批評，內容大概是這樣：有五或六個瘋子，其中有一名是女的，她不是別人正是貝爾特．莫里索（Berthe Morisot），這幾個人混在保羅．杜宏－胡耶爾（Paul Durand-Ruel）策畫的展覽裡，一個可憐的男人看完展出來，竟然對路人張口就咬，讓我們不得不把他逮捕等等。所有自詡前衛的女主人爭相搶奪這些瘋子。艾涅斯特．歐瑟德（Ernest Hoschedé）對這些譏諷批評無動於衷，他是位天生的收藏家、藝術贊助者，知道印象派的作品不至於讓人失去理智；但是話說回來，當時他還沒意識到，正是一般的繪畫才會讓人走向滅亡……

他的妻子阿麗絲原本是位富家千金，出身漢古家族（Les Raingo），其家族經營藝術青銅製作、高級鐘錶生產，同時是歐洲市場與杜勒麗的供應商。他們也復刻 Jacob Petit 設計的樣式，堪稱今天大家口中巴黎的比利時優秀企業的「龍頭」。艾涅斯特花了許多時間經營阿麗絲在她父親死後繼承的產業，而他認為可以借助莫內的畫增添圓形大沙龍的丰采。於是，在著名的 1876 年 9 月那一天，莫內在萬眾矚目下，風風光光地住進荷托姆；說也奇妙，這是布朗琪（Blanche，阿麗絲．歐瑟德的女兒）那篇幅過短的回憶錄裡，少數提到的幾件事之一。

當然，沒有任何人在當時能夠察覺到威脅這棟建築的第一道裂縫……莫內對鄉野的熱愛是天生的，既然此刻身無分文一貧如洗，他有充分的理由拋掉煩惱，換得在寧靜的公園裡的作畫時光與無憂無慮的城堡生活。

左頁：
盛夏的吉維尼花園裡遠近馳名的睡蓮。

次跨頁：
夏日花園一景：「緊鄰巴黎，我們在世界的盡頭」。

世上的每一棵樹都有它的丰采，蒙特杰翁的花園則在多重風格裡搖擺，裡頭藏匿著過分雕琢的花壇，巨大的梅第奇風格花瓶以及雨貝・侯貝（Hubert Robert）式的遺跡。

城堡的主人不吝大肆鋪張，熱情招待莫內，他們花錢如流水，使得整個家陷入難以想像的困境。

艾涅斯特大部分時間都在巴黎，比起經營事業，他花在挖掘稀有藝術品的時間更多。阿麗絲與孩子們較常住在蒙特杰翁，因為阿麗絲喜歡待在荷托姆。這位女主人熱中社交，在上流社會還算活躍，極富慈悲心而帶有那麼點神祕氣息，心思細膩，非常活潑但敏感，很容易陷入沮喪情緒。以今日的眼光看，大概會被認為是一個悲觀而患有循環性情感症的人。儘管她喜歡鄉下，卻渴望與外界接觸往來，而荷托姆就位在巴黎邊界，總有絡繹不絕的訪客。

做為一位新興繪畫早期的收藏家，歐瑟德因為十分慷慨而付出很大的代價，莫內曉得一些內情，哎，這位收藏家得時不時把一些珠寶脫手，好填補這個無底洞，最後還是被壓得喘不過氣來。

在蒙特杰翁，阿麗絲與艾涅斯特被所謂的「前衛」迷得暈頭轉向，其實這前衛不過是些無足輕重的瑣事與知識分子憂國憂民的某種綜合體。這闊綽的東道主租了一列火車專門接送從巴黎里昂車站到蒙特杰翁的訪客。這兩個人，簡直是清醒地做著夢。

在荷托姆，一切都那麼瘋狂，一切都那麼耀眼，一切都，有點過頭了。阿麗絲身穿在沃斯（Charles Frederick Worth）訂製的高級時裝，配戴的珠寶看來是出自弗侯蒙－莫利斯（Froment-Meurice）之手，隨便一只被打入冷宮的小錢包上都有簽名。

不管是古典派或前衛派的常客，大家相處融洽。牆上掛著最新一批的家庭肖像，上面簽有尚－賈克・漢納（Jean-Jacques Henner）、卡羅律斯・杜宏（Carolus Duran）、班雅明・龔斯丹（Benjamin Constant）或是柏德利（Paul Baudry）等名字，而印象派畫家像是西斯雷（Alfred Sisley）、馬內（Édouard Manet）或莫內志不在此，並無意取而代之。

卡羅律斯・杜宏是蒙特杰翁的常客裡古典派這一邊的代表。這個人很有趣，對任何事情都充滿自信，對自己更是，這也難怪，因為他的確天賦異稟。他出入很多沙龍，而不管到哪裡都是備受禮遇的肖像畫家，他也為我們留下了今日少數僅存的一幅莫內肖像。他是萬人迷，絕佳的口才讓人聽得入神而來不及回應，他跳舞、騎馬、唱歌，跟所有人一樣能彈上一段鋼琴，可以學詹姆斯・提索（James Tissot）那樣演奏管風琴，也打靶。因為住在附近，常以鄰居的身分來訪，有他在的晚上絕無冷場，後來成為莫內的摯友。

前衛派這一邊的風格，則非常「夏彭提耶」（Georges Charpentier），他創辦了《現代生活》（*La Vie moderne*），可惜這份優秀雜誌因為品質很快走下坡而飽受批評。早期夏彭提耶還握有編輯大權時，曾突發奇想地在雜誌編輯部籌畫了一些個展，這在那個時代是極為大膽的作法。雷諾瓦、莫內都先後在那裡展過。

處在這種持續狂歡的氛圍之下是無法工作的。不過身為一位稱職的主人，艾涅斯特什麼都想好了，在距離公園不遠處，有一處規模與橘園相當的別館可以當作莫內的畫室。艾涅斯特眼光獨到且具有前瞻性，他希望荷托姆可以永垂不朽，所以讓莫內自行選擇在他心目中最能夠象徵這個場所精神的主題來創作。

針對圓形沙龍這個空間，莫內畫了在公園裡啄食的白火雞、池塘以及旁邊成片的大理花，到了後期則是狩獵，畫面裡我們可看到幾個人在森林裡打獵，近景那個人物就是艾涅斯特。莫內在荷托姆住了很長一段時間且大量地創作，但沒人曉得卡蜜兒是否曾經來看過他。從大人到小孩，歐瑟德與莫內這兩家真正成為朋友，是在莫內回到巴黎以後的事。每個小巴黎人的記憶裡，都有一座公園；對他們來說，記憶裡那個公園就是馬塞爾·普魯斯特（Marcel Proust）以及美麗的貝納爾達基（Benardaky）姊妹們，在幾年後的「追憶似水年華」裡會前來玩耍的蒙梭公園（parc Monceau）。

莫內住在蒙特杰翁的這段期間，阿麗絲發覺自己的健康亮起了紅燈，但艾涅斯特似乎很忙，出現在荷托姆的時間愈來愈少。到後來，阿麗絲也累了，就這麼以孩子、家僕，還有一位認真創作的藝術家為伴……大半的空白時間讓她順勢在兩個人之間做比較，一個是她的丈夫但其實是個大孩子，另一個是單純的男人但意志堅定。

崩壞的幽靈即是從這裡出沒的。不過，艾涅斯特在隔年，1877，又買了莫內三幅新的作品，這大概是他唯一能抓住的一根浮木了，那三幅作品描繪的是聖拉札車站（Gare Saint-Lazare），一個對他們對所有人而言都意義重大的地方。

1877 年 8 月 18 日，可憐的艾涅斯特宣告破產；整個夏天直到 9 月，不外乎清冊、法拍以及接踵而來的悲劇。

經過一連串難堪悲慘的折磨之後，1879 年春天，歐瑟德家族敗亡，他們帶著六個孩子：瑪爾特（Marthe）、布朗琪（Blanche）、蘇珊（Suzanne）、賈克（Jacques）、潔曼（Germaine）、尚－皮耶（Jean-Pierre），以及女僕、女家教和廚娘各一，搬到了維特依（Vétheuil）與卡蜜兒、克勞德·莫內同住，儘管他們當時也十分窮困。

生活在維吉尼

VIVRE À GIVERNY

莫內和巴特勒駕車前往市集是這個家的每週要事。

場所的精神
L'esprit des lieux

用宮殿的殘片砌起我的鄉居小屋。 ——蘇利・普呂多姆（Sully Prudhomme, 1839-1907）

卡蜜兒在維特依過世。一如眾人所料，阿麗絲與艾涅斯特離婚了；這位處世再得體不過的阿麗絲・歐瑟德夫人，一心為他人著想又擔心自己的聲譽，旁人大概無法曉得，她究竟是憑著勇氣還是智慧，才能冒著被人唾棄的風險將這一切昭告天下，儘管這早已不是什麼國家機密，她承認了莫內的存在，並將養育他兩個孩子尚與米歇爾。

他們帶著八個小孩，其中最小的才五歲，一家子在 1883 年 4 月底 5 月初之際抵達吉維尼，這次陣容浩大、家當多到驚人的搬家工程大約耗費六天才完成，而四艘船則走塞納河抵達。搬家途中還不時出現財務麻煩，但到後來大家也默默地習慣了。他們全副武裝準備面對一切未知，想要好好生活，忘卻過往的巨大渴望在無意識中滋長。此外一路上他們也辭退了廚娘、女家教，甚至是阿麗絲那個無怨付出的貼身女僕，她在荷托姆賣掉之後，曾堅持想不拿任何抵押品繼續為女主人工作……

阿麗絲乾淨俐落地在破產的丈夫與窮困的藝術家之間作出抉擇，這對她而言，特別是

左頁：房子玄關。

右：陽台爬滿茂密藤蔓的房子。

在那個年代，是極需要勇氣的。如今她毅然決然地放下屬於荷托姆的一切記憶，迎接這座面目一新的小農場。

其實，莫內與阿麗絲不明白他們有多幸福，因為在吉維尼，真正的奢華正是獨門獨院，加上一座完全屬於自己的花園；因為，在這一塊塊花圃前，我們與那些推崇拉布呂耶爾的藝術愛好者一樣，對任何文明活動要予以尊重，當一名園丁完全沉浸在他的世界裡時，理當謝絕任何不速之客的打擾。吉維尼這個家便是這樣一處桃花源，讓他們盡情享受其中的微氣候，還隔絕了一切塵世擾嚷。

事實上，莫內找不到比這間長形房子更好的地方了，這房子看起來似乎已整修過，多少帶著一種資產階級的庸俗幸福意味。但是它坐北朝南方位很好，而且轉過身即是山丘，如同一座花園緩緩迤邐而下直到廣闊的草原，那草原在當年此刻，不過是一片蔓草叢生的花海，依偎在老柳樹看守的野生鳶尾花田旁。而隨著丘陵綿延起伏的果樹正值花期，饒富情調的小火車在河流與居華路之間氣喘吁吁，小小的洗衣地就在水邊，是村裡婦人閒話家常的最後一個沙龍。

緊鄰巴黎，我們在世界的盡頭！

關於這棟房子沒有哪位建築師使得上力，最好還是根據實際需求予以調整。莫內和阿麗絲都很清楚爬藤植物的優點，那彷彿染上重度麻瘋的牆，得靠蔓性玫瑰讓它改頭換面。這房子還有很多附屬的小空間像是地窖、食物儲藏室、側邊小屋等，該有的都有，實用又便於管理。

話說回來，既已身處令人陶醉的自然裡，那麼倚著針葉林木，由今年看來會結實累累的李樹所圍繞，借用寓意深遠的幾何線條所構築出來的花園，它的存在意義是什麼？這些都成為莫內與蓋伊伯特（Gustave Caillebotte）、米爾博（Octave Mirbeau）後來百聊不厭的話題……

這裡的空間足以種植做為花束的植物或是那些餐桌上必備的蔬果，莫內與孩子們同心協力，很快便撒下菜籽與花種，如此一來，在沉悶陰鬱的日子裡也可以摘採些什麼來妝點：一年生的菊花、虞美人、罌粟花與大朵的太陽花。而且從 7 月到 9 月，大家還可以期待在餐桌上看到依序收成的羅曼生菜、菠菜、豌豆以及櫻桃蘿蔔。時間實在太少了，要住得舒服，要油漆……樣樣都得花心思。

至於小船、船畫室以及兩艘桃花心木小艇，他們最後讓這些心愛的寶貝停泊在塞納河畔的蕁麻島（île aux Orties），此時他們還沒想到有一天真的能擁有這座島，也沒想到在莫內這麼多繪於吉維尼的作品裡，會以蘇珊（Suzanne）為模特兒來創作《撐陽傘的女人》（*Femme à l'ombrelle*）。

莫內與阿麗絲一刻也沒耽誤，馬不停蹄地重組整修好讓房子脫胎換骨；不這麼一鼓作氣，這裡那裡不順眼的地方很快便會讓人感到厭煩而了無生趣。但是昨天還一貧如洗的人，今天怎麼有辦法傾全力重建巴比倫？答案很簡單，因為除了為數眾多、超過我們想像的業餘藝術愛好者的支持之外，在巴黎有一位人物，他是或者說幾乎就是印象派畫家的衣食父母。

此人即保羅·杜宏—胡耶爾（Paul Durand-Ruel）。說他是名畫商嗎？他同時也是藝術資助者，有點像運籌帷幄的銀行家，也有點像掌管財務的司庫；我們要知道，杜宏—胡耶爾，這位雷諾瓦、西斯雷、畢沙羅、莫內以及所有人口中的「杜宏先生」當然不是對錢無動於衷，他只是願意冒著極大的風險，預先支付這些藝術家創作與生活所需，買下他們的作品，儘管很多時候這些畫作根本沒離開過畫室，上百幅難以賣出的作品就這麼堆著；走在時代尖端的處境總是微妙的，連他的家人都開始懷疑他的眼光。給莫內賒帳的人只要到畫廊一趟，杜宏—胡耶爾就會付清孩子們上中學的費用，兌現給顏料商、裱畫商的支票，他也付錢給莫內的裁縫，因為對莫內而言，不管在什麼情況下，給自己做一套剪裁俐落的西裝都是不能省的。

粉紅色的赭石牆重新刷過後濃度變得飽滿，灰色的窗門漆上內緹綠，相當接近鉻綠色，他們沿著房子的走勢搭了由短木條組成的長長陽台，食物儲藏室上面加蓋新的廚房，而改造成畫室的穀倉上方是接連的兩間房。廚房與畫室，這兩個神聖的場域，都是首先列為重點考量的地方。

他們決定用明亮的粉彩色調粉刷牆壁，除了面向藍色廚房的飯廳漆成鮮明的中鉻黃。不管我們打開廚房、玄關或葵色客廳的門，映入眼簾的都是一種漸層攀升、一種進程，一件由鈷藍、茜紅、白色組成的作品。這些細膩的色彩層次是莫內和村子裡的油漆工花了一番功夫討論之後才決定的，而油漆工還得花點時間調適平復他所受到的震撼……樓梯間、小走廊與兩間小盥洗室，還有安裝有巨大、讓人感動的蛇形銅管熱水器的浴室，色彩偏英式，是米白摻了一點點藍或茜紅。至於年輕女兒們的房間裡則採用較為強烈的色彩。

有一次，茱莉·馬內（Julie Manet）與她的母親貝爾特·莫里索（Berthe Morisot）前來拜訪，他們一起午餐，並到畫室看了莫內的【教堂】系列作品，回去之後她便在日記裡記錄了這些空間與色彩。

次跨頁：
廚房閃耀著藍得透亮的漆。一如畫室，是整棟房子裡最神聖的地方之一。

對頁：
冰淇淋機，耶誕節那天製作香蕉冰淇淋不可或缺的器材。

最後，是從樓上房間望出去的美麗山丘，它大部分的時間都沉浸在一股藍色、蛋白石般半透明的薄霧之中，本身便如同一支晴雨錶，是莫內那從不離身，特別是旅行時一定會帶的溫度記錄儀詩意的補詞。而山嵐如錦緞，織成後來阿麗絲與莫內房間裡的壁紙。

廚房後來經過多次翻修，或應該說是現代化，也讓我們今天能夠從中得知，一次大戰開始之前，住鄉下要過得舒服，家裡設備該達到什麼樣的標準。廚房閃耀著藍得透亮的漆，好比一片鈷藍從牆上、天花板走下來，與盧昂（Rouen）當地廚房常用的藍色磁磚融合無間，這在那個把煙囪也貼上磁磚的地區是種風潮也是種傳統。沒有比拿這些小巧卻簡潔的盧昂磁磚來搭配這一大堆銅製燉鍋、平底鍋具更好的選擇了。

極具分量的白瓷吊燈，則與未裝有窗簾的窗戶透進來的日光輪班。

看到位置得宜、體面的爐灶，總讓美食家平添那麼點感性與虔誠：他以誠摯的心對待這堅如磐石，乘載了這麼多滋味的紀念碑，因為沒有比掌握溫度更為精巧的事了。這具用耐高溫磁磚砌成的爐子，以小火燉煮或文火煨菜時它須像貓兒那樣半夢半醒地打盹，燒烤的時候得卯足勁直逼地獄之火，而且無論面對哪種情況都要帶著同樣的心情。

弗洛利蒙的菜園
Le potager de Florimond

現在，卑賤的蔬果守護者
對抗掠奪者我捍衛這圍牆內的方寸之地…… ——荷塞－瑪利亞·德·艾瑞迪亞

對頁：
從弗洛利蒙照顧的果園摘來的桃子。

右：
莫內，《靜物與美濃瓜》（*Nature morte au melon*），1876。古爾班吉安博物館（Musée Gulbenkian）。

家是拜儀式之賜而得以存活、延續、興隆或衰敗。

一開始，莫內什麼都要管，雖然他的象牙塔已漸漸崩塌，阿麗絲以及先後接替她的兩個女兒瑪爾特和布朗琪，則仰賴那些繁不勝數又無法省略的儀式在掌管這個家。在吉維尼讓人覺得不協調的地方，大概是他們如同本篤會那樣嚴格地照表操課（大家可別誤會了，這個地方最虔誠的本篤會修士，正是莫內），不過在那些一板一眼的時間規劃之外，多的是悠哉的日常，整日閒晃，觀察只以玫瑰花的葉子為食的金匠花金龜子，看看機械的發明以及「踩踏一下單車」，拍照、划小艇、野餐，偶爾穿插幾堂圖桑神父（l'abbé Toussaint）的拉丁文及植物課。

半個世紀究竟有多長？沒有人有明確的概念，只能說這非常長，長到讓人無法仔細分析這些錯綜複雜的事件，搞不清楚這些習慣是怎麼溜進生活裡，這些賦予了場所氣質、精神與風格等種種難以察覺的變化又是怎麼產生的。

他們一方面要花時間維繫家人之間情感的熱烈與融洽，其中耗費的心力常超出想像，另一方面，雖然親疏有別，家僕亦是整個家的一份子，如何讓大家相處愉快也需要智慧，特定領域要交給特定的人管理。所以在接二連三前來應徵的園丁、廚娘裡，要挑出會作菜，尤其是會作莫內愛吃的菜的，以及能照顧出他所想要的花園的。於是瑪格麗特掌管廚房，花園交給菲利克斯，希爾凡負責地窖、畫室與那些汽車，保羅則被賦予重任，舉凡家中或花園一些重要事務都讓他處理，弗洛利蒙照料菜園。

右上：
莫內，《葡萄籃》（*Le panier de raisins*）。巴黎，私人收藏。

下：
潔曼與希希到蕁麻島野餐。

距藍色廚房兩步之遙，就是飼養家禽的院子，天曉得他們怎會在那裡養了幾隻與在荷托姆一樣的火雞，在一種微妙的尷尬下很快就不養了，反正這裡沒人喜歡火雞。不過農場裡要有各種動物才好玩。第一座院子是鴨子專屬，那裡有個池子可以讓牠們划划水，一個灑水槽及一棵黃櫨，還有一些灌木叢生的小角落讓牠們築巢下蛋，因為母鴨都非常神祕低調。鴨棚裡有許多鴨子嬉戲其中，南特鴨，白色印度疾走鴨，牠們很會下蛋，不把蛋看好的話就有被康貝爾鴨給偷走的風險，附近還有體型小巧美麗的鴛鴦，是買來觀賞用的。番鴨則與盧昂鴨一樣，被認為太油膩而野放。莫內對餐桌上的家禽料理有著異乎常人的執著，因為發現村裡飼養家禽的人家都不太注重品種，他像個神經病一樣花費不知多少時間跑遍養殖場與鳥店，只為尋找適合拿來育種的雞鴨。同樣地，雞舍那邊的狀況也有點複雜，他們養了三到四個品種的雞，主要為了雞蛋和牠們的肉。稀有的胡丹雞（Houdan）會跟有著漂亮雪白羽毛卡堤內雞（Gâtinais）互別苗頭，豐滿而一身黑的布列斯雞（Bresse）、幾隻友人送來的矮腳雞則與被收容的雉雞湊在一起。

照料鴨棚雞舍的責任就落在一名園丁身上，不過布朗琪一直到她 1947 年過世之前，每次只要有空就會到院子餵這些雞鴨一點東西吃。此外，已經晉身為門房與管家的保羅——廚娘瑪格麗特的丈夫，他們都來自貝里（Berry），對農場事務瞭若指掌，所以由他負責撿蛋、監看孵育的狀況好讓一切步上軌道。像是時間一久，為了避免法夫羅雞（Faveroll）的數量可能會超過胡丹雞而造成失衡，他便要做出適當的處理。他也必須掌握所有家禽的品種細目，只要有些品種有絕種的危機，就得特別挑選公雞來確保高效率的孵化，這些都是冬天最重要的工作。

幸好莫內痛恨家兔，他只吃野兔與穴兔，因此沒有兔棚。鴿子也吃不多，要不跟杜波克（Duboc）買，要不找勒丹諾（Ledanois），有太多農場能應付各種需求……至於那個靠近第二畫室的大鳥籠，其實只是給好奇、不小心受傷的鳥兒暫歇的醫務室，也是各種飛禽的寄宿之地，比如為了米歇爾和尚－皮耶這兩個「小傢伙」，莫內特地差人從美麗島（Belle île）寄來兩隻黑脊鷗，從此他們便常以「要有東西給牠們吃呀……」為理由去釣魚。被鬆綁的這兩隻大鷗很長命，牠們總是在花園自由地飛翔，成為蘇珊的兒子吉姆・巴特勒（也是尚－馬利・圖勒古瓦的舅舅）兒時最初的記憶。

春天，旱金蓮在小徑蔓延。在小徑深處，我們瞥見大門。

右：
夏天的房子一景，花園裡的花都開了。

對頁：
備料中，這是星期日午餐要吃的奶油白斑狗魚。

我們可以很明顯察覺，這個家被一股強大的組織意識所籠罩著，所以，想到得體的餐桌當然不能沒有菜園。弗洛利蒙的菜園就是這個部分的代表作，也是莫內引以為傲的事情之一。在他的觀念裡，這個種植蔬果的菜園與花園、雞舍鴨棚、酒體厚實由希爾凡裝瓶的酒、池子裡盛開的睡蓮、一套剪裁得宜的西裝、瑪格麗特絕佳的烹飪以及在畫室沙龍美好的閱讀是不可分割的。

好玩的是，這座一公頃大以圍牆圍起的菜園，位於橡樹路，就在村子的另一頭，與這頭的花園彼此對稱，同樣的座向，同樣採光充足，且跟法國南方一樣用「瑞斯東克牆」（譯註：restanque，一種以乾燥的石頭疊砌而成的梯田擋土牆）。但斜度較陡而格局明顯較為方正，這使得架子的搭建更方便，甚至更具美感。

在空間規劃上，不被那一頭的花園採用的，在這裡都是重點：絕對幾何的平面圖，筆直的通道，這些調整可以讓工作進行更有效率、更合理，耗費的力氣更少。

長長延伸的牆面很好看，上面交織著康蜜絲梨（poires doyenné du comice）以及哈冬彭奶油梨（beurré d'Hardempont）的枝椏，中間有一條小徑分隔開，水平的棚架則為了方便收成「流浪小皇后」蘋果（reine des reinettes）好做翻轉蘋果塔。一座菜園裡不需要種太多樹，收成的水果只會拿來做蒸餾酒以及瑪格麗特的「水果泥」，她從不說那是原味櫻桃罐頭！短梗或長梗蒙特莫倫西櫻桃樹、金色克勞德皇后李樹、小黃香李樹會種在這裡，另外還有幾棵桲樹與裝飾林木混雜在一起。

弗洛利蒙住在橡樹路這邊的屋子，但常需

要住在佩利沙路那一頭的人手來幫忙，要種的東西這麼多，更別說得不同蔬果在灌溉方式上細微的差異，而且幫浦要是鬧情緒，就會發出震耳欲聾地獄般的噪音。

菜園裡有當地的蔬菜與南方來的品種，所以得根據情況加以催熟，不過當他們清楚整個家族的需求與偏好之後，工作節奏上也就順暢許多。

莫內不管到哪裡都會買種子與植物，與其他園丁交換心得，截長補短，還喜歡挑戰吉維尼的天氣，嘗試高難度的栽種。他會四處打聽型錄，不管是種子、花盆、鐘形罩或是用來保護小溫室必備的黑麥草席，訂購事宜統統一手包辦。

他也堅持大家要統合一致，根據古時候傳承下來的方式栽種根菜類、葉菜類、球莖或是撒種。小溫室、育苗槽的位置也好，金字塔型用來播種美濃瓜的育苗盆也好，在植溝裡一落落那些主要作為花束用的洋薑花的鐘形罩，或是保留給種植像是莫內極愛的紅甘藍的土坑，這些都要無可挑剔一以貫之。整座菜園如同城市規劃地圖般，展現出一種絕對而莊重嚴謹，直角一定要有！我們閒晃在覆滿爬藤蔬果的通道上，種著米蘭甘藍、布魯塞爾甘藍或是綠花椰的田畦，有著羅曼生菜、西洋芹、白菊苣或慵懶的卡斯提翁菠菜的小徑上。有時也會突然在路口發現一叢叢迷迭香、百里香、蝦夷蔥，搭配蠶豆烹調的風輪菜或甚至是拿來做綠醬的佳麗村（Belleville）酸模。開著藍花的鼠尾草與奧勒岡香草點綴其間；至於龍蒿，最好特意預留一個空間給它，讓它在裡面恣意生長不需多餘的照顧。

有一區是梯田設計，專門用來種植南方的蔬菜，像是各個品種的番茄：紅的、黃的或是小番茄，趁嫩當做生菜的普羅旺斯綠色朝鮮薊、茄子、甜椒、紅辣椒、尼斯節瓜，許多在當地根本沒人知道的蔬菜，甚至是蠶豆或小蠶豆、葫蒜或東方的蒜頭，還有，噢！美味絕倫——泡在酒醋裡的，埃及小洋蔥。

弗洛利蒙對栽種莫內喜愛的螺絲菜很有一套，1 到 2 月中旬，他便驕傲地給廚房送去首批收成的櫻桃蘿蔔、圓滾滾的紅蘿蔔、可與黃金凡爾賽（Blonde de Versailles）媲美的萵苣，或是隨時會在巴利夫人的菜園結束生命的埃爾芙特（Erfurt）迷你花椰菜⋯⋯大家喜歡各式迷你品種的蔬菜且總是要趁嫩吃，因為迷你品種的迷你收成最可口！不過這也是弗洛利蒙最為戒慎恐懼的一件事，他深知要是蔬菜沒有在適當的時候採收，莫內會有什麼可怕的反應；話說回來，最困難的部分還是挑選⋯⋯弗洛利蒙每天，包括星期天，都要準備廚房前一晚決定好要用的蔬菜，或是熬煮一週裡要用的高湯所不可或缺的蔬菜鍋食材。

瑪格麗特拿到的每種蔬菜都有其明確的品種：拉雅爾 40 號（Quarantaine de la Halle）或蒙特維利耶極品（Abondance de Montvilliers）馬鈴薯，夸希（Croissy）的半短紅蘿蔔，夏曼（Chemin）的鑲白邊西洋芹，怪物卡宏坦（Monstrueux de Carentan）或是熱那維利耶（Gros de Gennevilliers）的大蔥，莫城（Meaux）的白蘿蔔……

要是巡視一遍弗洛利蒙的菜畦，會看到神奇卻一點也不違和的景象：早熟的安諾內（Annonay）豌豆長得最快，而以阿爾班尼公爵（Duc d'Albanie）為名的豌豆則巧合地落在以他父親阿爾貝特王子（Prince Albert）為名的豌豆後面，就像跟著歷史在走一樣好玩。

說實話，為了讓弗洛利蒙的菜園更為精彩，莫內翻遍了羅亞爾河谷以及塞納河谷的種子目錄。巴黎的邊界曾經栽種了各種食材，後來被一波波興建的工廠所摧毀，這些種子目錄就像一個已逝的人類地理版圖的見證。

下：
莫內、他的繼女們，以及首批來到吉維尼的美國畫家。

次跨頁：
花園裡有足夠的空間可以應付宴會或用餐的需求。莫內在其中撒下了各種蔬菜與花朵的種子。

莫內與阿麗絲，一種風格

MONET ET ALICE, UN STYLE

Déjeuner du 12 novembre 1902
Turbot sauce hollandaise -
Cuissot Chevreuil chasseur
Dindes rôties
Pâté de foie gras
Salade Vénitienne
Ecrevisses
Praliné
Glaces - Pistache - Alhambra

潔曼．歐瑟德與阿爾貝特．
薩勒胡婚禮的午宴菜單

家庭的餐桌
La table de famille

結廬在人境，而無車馬喧
問君何能爾，心遠地自偏 —— 陶淵明

村子與阿麗絲和莫內的家園之間有著嚴密的區隔。一端的吉維尼熱鬧喧囂，另一端是莫內喜歡且追尋的，隨著土地節氣的節奏呼吸，手采亙古不息之地。

阿麗絲掌管一切，承受莫內的壞脾氣，教養八個平凡的孩子，分配家務，並接待她自己眾多的親朋好友或是莫內的友人與畫商。她懂得根據客人的身分，巧妙運用特定的字眼、態度以及準備不同的午餐，就像所有知道或經歷過上流社會那一套規矩的人一樣。有些人得花點巧思讓他們留下深刻印象，有些最好別讓他們得意忘形，只有她明白這些細微矛盾的箇中玄機：把錢花在那些簡單純樸，一眼猜不透其價值的東西上，但其中又藏著怕人不知道自己是大資產階級的意圖。

對頁與上：
星期日的餐桌上，餐具是繪有日式圖案的克雷伊藍色瓷器。

阿麗絲在家中具有關鍵地位，因為她得日理萬機打點如此繁雜的一切事務，比如她要與莫內商量，參照她記錄的午餐賓客特殊需求與口味，預先擬出一個星期的菜單；跟廚娘確認菜園蔬果平日的運送；協同戴爾芬（Delphine）處理家飾、衣物的問題，窗簾要用蛋型熨斗燙過，吩咐她找修改衣服的裁縫來看看哪裡需要縫補或調整；凹格與凸紋毛巾、平織的擦手巾以及用來擦玻璃杯的棉麻混紡或紗布拭巾等要分門別類，擦玻璃杯的還得用紅色標記起來；桌布必須整齊地收進有滾輪的大衣櫥裡，以免弄皺。

她同時也要開出採買清單。星期六，神聖而不可侵犯的一天，希爾凡會備好車載著阿麗絲前往維儂（Vernon）的市場，通常我們會順便交代他別的任務：買點剛出爐的麵包以及報紙，到利梅茲（Limetz）跟菜農預購品質優良的蘆筍，到聖馬塞爾（Saint-Marcel）的水芹田，話說鮮嫩的水芹正是維儂市徽上的象徵；或是要他檢查廚房裡雜貨、日用品的存量是否足夠。

現在我們看到這些年代久遠的手寫清單，不得不驚嘆，內容有像是內盧斯柯炸彈冰淇淋（Bombe Nélusko）或是菜園的種子目錄，令人不由地想起遍佈著紅蘿蔔傘狀小花的聖克盧門（porte Saint-Cloud）。看到等著上蠟的櫥櫃上貼的標籤讓人不得不甘拜下風，櫃子裡排列著西班牙的白黏土，索米耶爾（Sommières）的陶土、迪黎玻里（Tripoli）矽藻土是用來拋光銅器的，巴拿馬的木製托架是給深色毛織品用，還有蘇門答臘（Sumatra）的樟腦，是為了遏阻寄居在閣樓那眾多閒置的木製行李箱裡的蛀蟲……

除此之外，阿麗絲還要記得從維儂找來清理木頭地板的工人，要看看他們口中的雜貨店裡的存貨夠不夠。這所謂的「雜貨店」其實是間儲藏室，裡面有個早期攝政風格的櫥櫃，側邊放了一些珍貴的乾貨，英國卡爾多瑪（Kardomah）的茶、普羅旺斯沙隆的橄欖油、卡宴胡椒、番紅花、匈牙利紅椒、肉桂與小茴香等等。再來，終於有時間處理郵件了，他們得向位於巴黎全景拱廊街的斯坦印刷商（Stern）訂購好幾噸印有姓名縮寫的灰色信紙、墨水以及金粉……然後改天還得清查餐桌上的碗盤，因為打破的碗盤數量之多實在讓人難以想像！

右：
沙夏．基特利（Sacha Guitry）拍攝的莫內，1913。

對頁：莫內，《早餐》（Le Petit Déjeuner），1868。法蘭克福，城市學院（Francfort, Stadt Institut）

次跨頁：
早餐時的盛況。這樣的早餐形式是莫內在英國、荷蘭旅行途中點滴累積而來的綜合體。

總之，上午的時間總是飛逝如電，往往一回神才發現已經聽到小火車開過的聲音，雖然不時會有男孩為了避開好幾道閘門而把划艇抬到岸邊，擋住了小火車的去路，但基本上它非常準時，所以正好可以對錶；而且他們也得趕緊進屋，莫內在十一點就會到，他總是等不及要開飯，時間絲毫沒有妥協的餘地。有人敲響第一聲鑼，接著是第二聲鑼響將大家帶入飯廳，眾人各自坐下準備享用準時在十一點半開動的午餐；只要差個

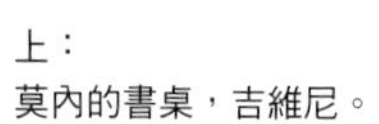

上：
莫內的書桌，吉維尼。

右：
在大工作室裡的莫內，這是他為橘園創作巨幅裝飾睡蓮系列的地方。

半秒，莫內就會開始煩躁地輕咳，讓整個廚房跟著緊張起來。午餐吃得夠早，莫內才能利用午后光線最好的時候創作。他能量豐沛到令人難以想像，常常天色未亮就起床，隨即從房間的窗戶檢視著後面的山丘晴雨表，期待看見它被淡藍色的霧包圍著，因為那意味著光線充足的一天。

接著在他下樓之前，要進行一個冷水浴儀式，儀式見證者便是掛在浴室裡那幅塞尚筆下神情疲憊的《黑人》（*Nègre*）。飯廳裡，豐盛的早餐已備妥，布朗琪通常會陪他一起用餐，並隨後把畫布與寫生畫架放到獨輪車上。

等到他們出發到鄉間船隻停靠的地方時，被拋在後頭的房子才正要慢慢甦醒，一天的多姿多彩便隨著諸多事件的絮絮叨叨而展開。

說起來，他們的第一餐顯得過分雕琢而有點不協調，但這可說是莫內在英國、荷蘭等地旅行時，從風景如畫的鄉間他所投宿的各個小旅店中，自然而然點滴累積的綜合體。

而當大家圍繞在餐桌前，一邊吃著培根蛋、烤內臟香腸（andouillette）、荷蘭乳酪或是英國著名的史地頓藍紋乳酪、烤肉佐桔子醬，還一邊喝著茶的時候，廚房也已經動了起來，傳來令人感到幸福的熟悉聲響。

當然，時光飛逝年復一年，原本準時照表操課的生活也產生了變化，多了那麼點彈性與樂趣。

因為那麼早起，又常在空氣仍潮濕的清晨五、六點即開始工作，使得大家更加期待十一點半的午餐好放鬆一下，而通常接待客人也是挑這個時候。他們基本上沒想過請朋友來晚餐，因為莫內起得很早，所以最遲九點半得就寢，超過這個時間，他整個人就會變得焦躁不安。有一次他在某封信裡，應該就是從克勒茲（la Creuse）寄出的那封，提到他如何因為去佛瑞斯蘭教堂（l'église de Fresselines）聽一位詩人朋友莫利斯．羅里納（Maurice Rollinat）的吟唱演出，導致晚上十點之後才能吃晚餐的悲劇……

一張安排好、色調怡人的藍色餐具的餐桌，以及放眼望去盤盤美味的午餐，會讓莫內變得風趣幽默，不過要是這天他對自己畫的東西不滿意，眾人就得提心吊膽了。通常大家會在他進屋時偷偷觀察，因為從走路的樣子，差不多就能猜到他的心情。一般而言，最佳解決之道就是張羅一桌無懈可擊的菜餚。莫內會嚴厲要求弗洛利蒙以及其他園丁，因為他對蔬菜的採收方式異常偏執；而一發不可收拾的難看場面往往只因為一道醬汁，但是說來奇怪，莫內從來不親自對廚房提出任何意見，總是叫女管家處理。

除此之外，在這個浮世繪的風景人物取代了家族肖像的飯廳裡，也上演過荒腔走板的戲碼。好比那天，瑪格麗特搞砸了香蕉冰淇淋，直到最後一刻才發現她端上的是粗鹽冰淇淋，不過，要等到事發至少二十年後，當初所有目睹這場悲喜劇的人才終於能毫無顧忌地放聲大笑……

一如其他人，莫內也有幾個經常來訪的熟人、一些偏好以及有趣的癖性。

比如說，就算保羅身穿輕便條紋西服，站在餐桌旁為眾人服務，莫內卻搬出一條被美食評論家拉雷涅爾（La Reynière）正經八百一提再提的古老習俗，所以餐桌上的野味、家禽、各式烤肉都由他親自動刀切開；他還自行發展出一套分解鴨肉的儀式：先切下鴨翅，在鴨身撒上肉豆蔻、碎胡椒以及粗鹽，再請保羅端回廚房，用地獄之火燒烤。至於沙拉，不管是搭配著蒜頭與脆麵包丁的菊苣，還是加了培根條或馬齒莧的蒲公英葉，保羅會拿著一支盛滿碎胡椒與粗鹽的大湯匙，裡面倒滿橄欖油與酒醋，一邊轉著盆子，一邊將油醋醬汁全部倒入沙拉裡。這麼一來，沙拉會覆滿著黑色的碎胡椒，看到這畫面其他人無不倒盡胃口，但是莫內和布朗琪就愛這樣吃。這是何以餐桌上總是會有兩盤沙拉；另外還有蘆筍，他們要吃爽脆甚至有點生的。

上：
餐桌上總會有兩盆沙拉。

對頁：
穿過林葉間所看到的房子。

次跨頁：
星期日的餐桌。每天的午餐
都在十一點半準時開動。

在希爾凡負責的地窖裡，吉維尼的卡烏丹（cailloutin de Giverny）與阿瓊特伊的琵勾洛（picolo d'Argenteuil）這樣的劣酒是禁止上架的。莫內喜歡好酒，像是畢沙羅提過的一支布根地，杜宏—胡耶爾發現的一支波爾多，但他也不會輕視羅亞爾河流域的小產區，比如帶點澀味的奧維涅丘尚杜爾格紅酒（Chanturgue），就是專門拿來烹煮大紅豆的。至於香檳，都要先經過醒酒換瓶才喝……

午餐用畢，眾人移駕畫室沙龍喝咖啡，最後再用挪威帶回來的玻璃小圓杯，斟上自製李子蒸餾酒，做為整個用餐儀式的結尾。小小的玻璃櫃裡還保存了幾瓶其他的酒：同樣是自家釀的黑醋栗酒，保羅從貝里帶回來的葡萄渣釀酒，而女士們普遍認為這些酒要不來自海外小島，要不就是產自波爾多。

在餐桌上，莫內一向討厭拖泥帶水，上菜速度要快，因此當他的女婿西奧多·厄爾·巴特勒（Théodore Earl Butler）與他們同桌時，他甚至要求一道菜撤下之後就不准再端上來，因為巴特勒慢吞吞的吃飯速度會激怒他。

阿麗絲和女兒們午餐結束後會回到葵色的小客廳，也就是書房裡。莫內則繼續他的創作，直到七點鐘的兩聲鑼響將他打斷——晚餐時間到了。

野餐與節慶午宴
Pique-niques et déjeuners de fête

從車裡，即使有興致也很難分辨出樹與樹之間葉子的差異。
而我們看不到籬笆上的花……那些飛逝的樹，都僅僅是樹，如此而已……
它們奔馳著，奔馳著。 ——奧克塔夫．米爾博，La 628-E8

對頁：
在那麼多次的野餐裡，他們都真的在戶外張羅出一桌豐盛的午餐。

右：
野餐籃裡裝滿食物，酥皮肉派、鄉村肉派……

慢慢地，儘管精神仍是一貫的，事物卻與時俱進產生了變化。如今莫內在畫布上這個花園裡，像苦行僧一樣地工作著，且把它照顧得很好，而整個吉維尼都可以是他們的公園，就算裡頭沒有一棵樹屬於他們。拋掉從前在維特依、普瓦錫（Poissy）養成的習慣，他們對物品的佔有慾也逐漸降低，現在，在屬於他們的神話故事裡，有奔馳的小火車引領著，還有桃花心木小艇、小船、船畫室與幾輛車子……生活中穿插著野餐籃、採羊肚菌的祕密儀式或是成群結隊的狩獵，蓋伊伯特或米爾博搭船從塞納河來訪，無所事事地漫步巴黎，還有夏天絡繹不絕的訪客，儘管莫內為了維持創作的清淨而謝絕不明人士的拜訪，仍擋不住如潮水般湧進的人群。一切都滑移了，一切都緩緩蛻變著。

前跨頁：
採野菇亦是出門野餐的
絕佳藉口。

這個家按照他們自行定義的四季，莫內規律的展覽，以及孩子們成長、結婚的節奏走著。隨著世紀的交替，花園的寧靜最終被四名孫子孫女嬉戲的聲響給打破。蘇珊的女兒莉莉（尚—馬利·圖勒古瓦的母親）被母山羊拉著散步，吉姆活力充沛像老虎般鬼吼鬼叫，玩著洋娃娃的西西和妮杜鬧彆扭，她們是潔曼（小名瑪琳）的女兒。空間裡充滿小孩兒來得快去得快的爭吵和一連串的笑聲。

就這樣，1899 年，椴樹下出現了第二間畫室，而因應需要，1916 年，房子的另一頭出現了第三間畫室。卡斯東·波提（Gaston Baudy）的馬車時代也漸漸告終，如同我們想像得到的，取而代之的是與這個年代緊密相繫的刺激與速度感。卡斯東的馬車來來去去載了無數前往莫內家的訪客，還有在小旅店落腳的過客，那小旅店還是以他為名呢！

在暗房以及塞滿腳踏車的工具間旁，有一間漁具室，裡面放著釣竿與各式魚簍，抓蝦的、抓大魚的，還有專門抓附近那條水渠的鰻魚的雙窄口鰻魚簍。車庫裡特別設計了一個地穴，這對米歇爾和尚—皮耶這兩名喜歡車與摩托車的玩家來說，可是一大福音。莫內一點也不關心騎馬、騎腳踏車或開車這類他永遠不可能學會的事，但這兩個男孩跟父親不一樣，他們會興致高昂地辨識著第一代 Panhard-Levassor 的引擎發動時，那些嗡嗡隆隆的聲音表示什麼狀況，這輛車的出現很快地讓他們的生活習慣起了不少變化。現在的人很難想像，我們曾祖父母那一代在參觀早期在大皇宮（Grand Palais）舉辦的汽車沙龍展（即今巴黎車展）時，為什麼會那麼激動興奮。後來他們又買了一輛 Panhard，隨後還有 Donnet-Zédel，給男孩們開的 Hotchkiss，以及讓希爾凡開去採買的那輛著名小貨車「斑馬」，而過了很久很久以後，某一天，車庫出現了一輛米歇爾專屬，陪他多次橫度撒哈拉的卡車。

圖桑神父再一次主持了阿麗絲另一個孩子的婚禮。從今以後，這個家除了一名美國女婿（尚—馬利·圖勒古瓦的祖父）之外，還多了個挪威媳婦；不久他們還得準備迎接另一名摩納哥準女婿，以及那個來自佩里戈爾的準媳婦。那天，婚禮儀式結束之後，盛大的午宴便在畫室沙龍展開，牆上四排畫作照看著賓客，而當時的菜單還保留著，隨後，大家在睡蓮池畔閒聊……說起那令人難忘的某一天，跑到池畔餵金魚……

自 1889 年在喬治·帕帝（Georges Petit）畫廊的莫內—羅丹聯展之後，這兩位藝術家成為家喻戶曉的人物，好日子終於來了。

一戰成名！「現在登場的是……莫內萬歲！羅丹萬歲！永遠的莫內！永遠的羅丹！嘩！」他們的朋友喬治·德貝里歐（Georges de Bellio）高喊，敲響那個處處負債的艱困年代的喪鐘，昭告名副其實恣意享樂時代的來臨。

右上及下：
家族狩獵野餐。

次跨頁：
蘋果樹下的野餐桌。

於是，從 1901 年起，為了這座看似簡單實則精心設計的花園，他們雇了五名園丁，另外還有一人專門負責幾年前就挖好，且莫內又再度開挖的池子。

1902 年，當莫內在杜宏—胡耶爾畫廊展出靈感來自水景花園的作品時，他已為隔年在貝恩海姆兄弟（les frères Bernheim）畫廊的個展做準備，這場展覽帶來的利潤與原本的預估有極大差距。每幅作品的價格幾乎都加了一個零，隨後，他的作品在 1910 年漲到每幅平均 12,000 法郎。接近拍賣時，那幅在 1867 年被官方沙龍展退件的《花園的女人》（*Femmes au jardin*）喊價已高達 20,000 法郎。

矛盾的是，在這個時期，吉維尼的莫內之家裡頭似乎什麼都沒發生。莫內所在之處吸引了大批人潮，這個務農為主的村莊頓時湧入一群美國藝術家。有些住在咖啡—雜貨店，即後來著名的波提旅館（Hôtel Baudy），夜深之後還有人會聚集在此喝干白酒，彈鋼琴及班卓琴；有些則住獨棟的房子，帶來活潑時髦的生活習慣，他們有自己的小團體，會舉辦園遊會或晚會，參加的人胸口插著山茶花，還有一百多位從巴黎過來的「美國賓客」。

他們必須持續、客氣有禮但堅定地拒絕這些前來求教，或只因好奇心驅使而欲登門拜訪的畫家。這一切干擾只是讓莫內更想盡可能地遠離人群。

上：
莫內，《午餐》（*Le Déjeuner*），約 1873 年前後，巴黎，奧塞美術館。

對頁：
莫內，《草地上的午餐》主要畫面，1865-1866，巴黎，奧塞美術館。

莫內，《狩獵戰利品》（*Trophée de chasse*），1862。巴黎，奧塞美術館。

在這些流逝的時光裡，洋溢著單純的快樂，也有本質上複雜的物質煩惱，但是總歸一句，一整年的行程都離不開美食。除了平日與宴客日，星期日的家族午宴是重頭戲，6 月 6 日是聖一克勞德（Saint-Claude）日，11 月 14 是莫內生日，耶誕節的午宴和元旦當然也要包括在內，另外還得加上不定期的野餐，這幾乎已經成為一種大家非參加不可的儀式，尤其是慶祝狩獵季開始的那一場。

從藍色的廚房可看到花園一路鋪展直到居華路，而且從 4 月中開始，窗下的兩棵日本蘋果樹會開出白裡透紅美麗芬芳的花朵，讓瑪格麗特一邊做著正事一邊分了心。陶缽、砂鍋、萬用鍋、銅製烤魚盤、製作蛋白霜用的薄鐵板、數不清的模具、烤翻轉蘋果塔用的鄉村烤爐、濾布、被她稱作小石子盤的陶盤是拿來裝紅果派的，別忘了秤、年代久遠的冰淇淋機和手搖肉豆蔻研磨機，她整天繞著這些東西轉。有一、兩個女孩會在廚房幫忙，但她的工作量十分驚人。

菜園裡的蔬菜一大清早就會送來，她隨即著手準備午餐：一道熱前菜、一道肉或魚料理，有時兩種都要，一道蔬菜，一道沙拉，甜點每天都不同，還要記得下午茶時的蛋糕。

而晚餐一定要有湯，湯之後是一盤蛋類料理或是裝在小烤模裡的乳酪舒芙蕾，接著才是讓人有飽足感的主菜：家禽、焗烤或肉類冷盤，接著沙拉、乳酪。晚餐不會再準備甜點，要不把午餐的甜點吃完，要不就吃瑪格麗特自製、無人能敵的原味「水果泥」，有櫻桃、李子或桃子口味，配上一塊餅乾或海綿蛋糕，後者是她平日一定會準備的。

莫內有他特殊的習癖，苦苣、四季豆還有栗子他偏好用蒸的，菠菜最好用「極少的水」煮，才能保留味道與顏色，牛肝菌他喜歡用橄欖油料理，根據家族傳聞，這是唯一一道堪稱他發明的食譜，有時他堅持要吃稀有的珠雞，那只有勒丹諾家在賣，總之，有太多要求足以讓人頭昏腦脹。所以當一名商人說要前來拜訪時，他得做好萬全的準備。另外，根據季節要有經過家族狩獵團背書的上等野味；要是希爾凡沒有去池裡抓大比目魚（Turbot）或傳說中的比目魚（Barbue），而園丁划著小船，用魚叉在捕到鮮味絕佳的白斑狗魚的話，就算這魚是他池子裡的，莫內也會付高價買下……

為了讓杜宏—胡耶爾夫婦或貝恩海姆一家賓至如歸，大家忙得雞飛狗跳，弗洛利蒙遵照儀式般種植的鮮嫩蔬果也捲進這場混亂中。更別提為了向收藏家塔德・納坦森（Thadée Natanson）表示敬意而端上兩隻鴨；為惠斯勒準備鴿子，找來紐約 Delmonico's 餐廳的食譜為巴特勒料理紐堡（Newburg）龍蝦，還有威爾斯兔子（Welsh Rarebit，一種英式乳酪烤吐司），或是讓他一解鄉愁的紅甘藍，因為那與賓州紅色捲心菜相似。這些來自不同地方的女婿與媳婦，都各自帶來了他們的飲食習慣與口味。

為了慶祝圓滿達成艱難而令人焦慮的任務，要是不巧男孩們認為客人很無趣，他們會跟阿麗絲或布朗琪要求外出野餐。他們早就對植物圖鑑或甲蟲之類的鞘翅目昆蟲瞭若指掌，自然而然地也以昆蟲學家的口吻，來命名那些討人厭的訪客。

還有一種狀況也很常見，每每一次拜訪或是一趟巴黎小旅之後，廚房便會接到一份新的食譜，而且必須嚴格地依樣畫葫蘆。於是時不時便會出現這種小劇場：馬格里（Marguery）的牛舌魚排食譜到哪去了？要怎麼做出莫泊桑（Maupassant）寫的這道菜？這內容根本就難以辨識。

所以常常只是去一趟倫敦回來，就要廚房做出薩沃伊飯店（Savoy Hotel）的約克夏布丁。但是不曉得為什麼，雷諾瓦夫人拿手的馬賽魚湯沒有出現在札記裡。

相反地，我們發現單單是基特利家的食譜就有三道：沙夏（Sacha）的梅花肉、路西揚·基特利（Lucien Guitry）卡蘇雷白豆燉肉和夏洛特·利瑟斯（Charlotte Lysès）的洋蔥鑲肉。米勒（Millet）的小麵包旁邊寫的是馬拉梅（Mallarmé）的雞油菌食譜，塞尚的鱈魚濃湯、德胡翁（Drouant）的美式龍蝦，還有普惠尼葉（Prunier）的炸鱈魚丸子，法國國王路易·菲利浦的御廚弗瓦攸（Foyot）開的同名餐廳的洋蔥焗烤肉片，馬格里家的雜燴燉牛尾，巴黎咖啡的佛羅倫斯牛舌魚排，朱利安式的居格萊烈（Dugléré）比目魚，以及，非常重要的：杜宏—胡耶爾式的牛肝菌罐頭。

我們不難理解一些廚娘是如何跟著主人而留名青史，比如住在法蘭克林路的克里蒙梭家的瑪麗（Marie）、或大仲馬（Alexandre Dumas）的瑪麗（Marie）、竇加（Edgar Degas）的佐伊（Zoé），還是普魯斯特的塞蕾絲特（Céleste）——但她並不下廚！所以我們可以說，在麗塔（Rita）、卡洛琳（Caroline）、梅蘭妮（Mélanie）之後，只剩下莫內的瑪格麗特。

由於家僕的數量大體上是夠的，因此平日或是宴客日對大家來說沒有太大的分別，菜單當然會根據訪客的口味而稍做調整，但餐桌則一如往常地簡潔而優雅。在始終如一的黃色桌巾上，只會出現固定的那兩套餐具，一是克雷伊（Creil）工廠的「日本」系列，那是帶點藍色，繪有櫻桃圖案與深藍色單線勾勒的扇子的彩瓷；另一套飾有一道黃色寬邊，外圍描上一圈藍的白瓷，則是節慶與重要訪客專屬。餐桌中間以小巧的花束營造活潑的氣氛，不管是從花園採來或溫室裡花期快過的花，色澤如蜜的迷你蘭花，備受蜜蜂們青睞的花，花序如傘的野花，有時也會簡單以杯子為花器，讓鐵線蓮在杯水中載浮載沉，這一切必須不著痕跡，避開「裝飾」的意圖。兩個科區（Pays de Caux）風格的銀器展示櫃裡，附蓋的湯碗、罐缽、巧克力壺與直柄壺閃閃發亮，旁邊堆成金字塔的水果與水壺之間，端坐著雄偉的銀製俄式茶壺。

在這個家裡，端上桌的菜色總是搭配得恰到好處，但他們並不將之命名，就像他們不要求擺盤。這樣的規矩讓每一名初來乍到的廚娘都驚訝不已，尤其當她們在別的地方都已經具有一定「位置」時。不過有件事說來讓人扼腕：他們不記錄平日的菜單。雖然這種果斷簡潔可說是一種莫內風格的標記，但實在可惜，為什麼不像惠斯勒那樣，他不但做記錄配上小插圖，最後還簽上他在日本文化影響之下設計出來的著名蝴蝶花押。

對頁：
剛出爐的布達魯桃子派。星期日其中一道傳統甜點。

耶誕節那天，會有遠近馳名，來自史塔拉斯堡的酥皮裹松露鵝肝。

和牆壁一樣漆成鉻黃色的家具成為擺飾的一部分，風景與人物浮世繪取代了浪漫主義的繪畫與家庭肖像，眾多的節慶午宴即在這樣的空間裡進行，比如11月14日莫內的生日宴會。家族的男人討論誰有榮幸獵得莫內生日宴會必備的山鷸，可能的話多獵幾隻更好，最後，尚·皮耶幾乎獲得大家一致的認同，因為他的槍法最準。

與其他野味相反，山鷸這種鳥的肉不太會變質，所以愛吃山鷸的人會習慣先貯存起來，只不過每個人對肉的熟成有不同的看法，莫內偏好的料理方式是這樣：先把山鷸倒吊貯存在地窖裡十四天之後，拔去羽毛就送進烤箱。接著保羅會把烤山鷸和大片的麵包一起端上桌，由莫內取出內臟，塗抹在麵包上，然後……大快朵頤一番。這種針對一些體型小羽毛類野味的料理方式還蠻常見的，比如鶇鳥佐杜松子風味醬汁，不過料理山鷸的話，通常會先把不吃的砂囊拿掉。事實上，這場慶生午宴所用的山鷸必須由家族的人狩獵而來，因為根據家族傳統，這一天不可以用從市場買回來的野味。

除了山鷸，照慣例還有兩道必備菜色：一條大魚，白斑狗魚或是大比目魚都好；以及好看又好吃的甜點，雙綠蛋糕，這個外層裹上一層鏡面翻糖的開心果蛋糕，像是東方的故事裡才有的點心。其他的菜色則因時制宜，端看當時的靈感決定。

一如大部分的家庭，在這個依照特有的習慣與季節在生活的家裡，最美好的午餐就是：耶誕節的午宴。

這是一年中唯一一次在正中午開飯的時刻。飯廳裡充滿節慶的氣息，掛上簡單的花葉編織而成的飾條，換上盛大節日才用的桌巾，水晶杯與銀器跟黃色的餐具相得益彰；在桌子中間，這次杯子裡漂浮的是聚傘花序的白色莢迷、耶誕紅或是茉莉……孩子在他們的位置發現盛傳已久的「小文件」：這些外層淺灰內層茜紅、幾近正方形的信封裡，裝著祖母以及莫內給的零用錢，餐巾旁邊，還有裡頭裝著點心糖果或是小玩意兒的神祕小盒子：胸針、別針、圓形浮雕章、懷錶等，而真正的禮物則放在葵色客廳的耶誕樹下。

從這些耶誕午宴裡，我們再度發現舊時遺留的慣例，當時在家禽飼養場裡有嚴格的階級意識，鵝是整個社會層級裡最低的，雞則最高，而只有閹雞與肥嫩的小母雞有資格出現在盛宴的餐桌上。

菜單的設計是這樣的：首先，是松露炒蛋或是美式鮟鱇魚；而根據傳統，史特拉斯堡來的酥皮裹松露鵝肝之後，才會端上底部鋪著一層栗子與佩里戈爾松露，搭配栗子泥一起吃的松露鑲嵌閹雞。接著讓清爽的嫩野苣沙拉做為這些豪華主菜的調劑，然後是戈貢左拉（Gorgonzola）或侯克佛（Roquefort）藍紋乳酪。最後，終於來到孩子們眼中耶誕節最為魔幻的時刻：保羅關上外窗，端來周圍淋有大量蘭姆酒的耶誕布丁，擦亮一根火柴，布丁瞬間沉浸在火焰與眾人驚嘆歡呼的喜悅之中，裝了酒與香檳（通常是凱歌香檳）的那些水晶玻璃瓶也隨之迸出耀眼的光芒。而這場盛宴的壓軸，是讓人讚不絕口，像極了一座錐形糖塔的自製冰淇淋，用家裡那部古老耐用的冰淇淋機做的。

按照慣例，他們轉移陣地到畫室沙龍喝咖啡，續以不能免俗的蒸餾酒、來自小島的利口酒或是葡萄渣釀酒。而隔天，在戈隆比耶路（Rue du Colombier）的午餐一樣讓人胃口大開，不過在瑪爾特與西奧多．巴特勒他們家，乳酪是在布丁之後才會上的。

隨著時間流逝，孩子們紛紛成家而四散各地，但只要一個節日就能很快地把大家聚集起來。如果可以，圍繞著美味餐桌的聚會或是一場草地上的午餐則更有凝聚力，使他們的關係更為緊密。就這樣，在第一道和煦陽光的照耀下，他們把裝滿食物的野餐籃堆到船上或車裡，宣告野餐季的開始，行程依序是觀湧潮（Mascaret）、蓋雍（Gaillon）爬坡賽、巴黎—馬德里賽車以及一些臨時起意的出遊。有幾位朋友也加入行列，像是西斯雷的兩個孩子皮耶（Pierre）與珍（Jeanne），畢沙羅的兒子路希揚（Lucien）、費南．安道夫（Fernand Haundorf）、佩利的女兒們以及難得能夠受邀的表親杰曼．漢古（Germain Raingo），其他親戚像是雷米家（les Rémy），尤其是他們家的喬治，維阿拉克家（les Vialatte）、勒莫家（les Le Moyne）等，總是講高貴要體面，實在不適合這類出遊……

次連續跨頁：
寒冬裡的花園與房子。所有人都忙著慶祝耶誕節，在餐桌上，孩子們會看到盛傳已久的「小文件」，淺灰色的信封裡裝著零用錢，還有神祕的小盒子，裡頭裝著點心糖果。

對頁與上：
耶誕節是瑪格麗特精心
布置大展身手的時候：
糖果、巧克力、蛋糕……
還有數不清的凱歌香檳。

他們剛到吉維尼的時候，時序只要進入晴朗的季節，就會在花園裡露天午餐，說起來那已是好久以前的事了：用草席臨時搭起模樣滑稽的帳篷，午餐就在草席帳下進行，當時只覺得終於有個落腳的地方，心裡踏實充滿理想。那些時光是早期真正在吉維尼度過的難忘回憶。而現在，輪番上陣的野餐是最佳的接棒者。

基於複雜的考量，他們多半請朋友來家裡吃飯，因為比起隨處可見的鄉野，大部分人對莫內的畫以及他構思這座花園的方式更感興趣。他們驚訝地發現，很多訪客儘管喜歡鄉野，卻寧願從客廳的窗戶、旅館的露台或透過車窗欣賞它的景色。而漫步在水景花園的小徑裡或是穿過日本橋，跟手上提著籃子去探險，在森林裡尋覓蘑菇的蹤跡，恣意坐臥在林地野餐墊上，把帽子丟到一旁灌木叢裡並呼吸著森林底層濕潤的氣息，最後再回到那輛咳個半天不肯發動的老爺車裡，這兩者之間可是天差地別。

阿麗絲喜歡花園、水池、鄉野的美景，但從來沒人看見她手上拿過園藝剪或花灑。大家看到的是，她手上拿著一杯茶一本書，或在陽台閱讀或眺望花園。但相反地，她是個徹徹底底追求速度的狂熱份子，隨時準備出發，無論到哪裡，總是第一個跳上車。當然，在這個家裡，野餐仍是以自家人為主，不是誰想來就可以來的。

一到狩獵的季節，便有來自翁德省（Vendée）、卡涅（Cagnes）、盧昂等地的親戚紛紛住進吉維尼各個莫內家的別館。包括女性在內的所有經驗老到的獵人，還有負責敲打灌木叢的、趕野兔的，大家一早就扛著威力十足的步槍與雷筒出發，期待屆時拖著疲憊身軀回來之後，在神聖不可侵犯的第一場野餐裡接受眾人的祝賀。車子裡堆滿行李箱與野餐籃、折疊桌架和椅子。一路爬坡抵達瓦勒（Val d'Oise）之後，便在一棵巨大的蘋果樹下卸下這些雜七雜八的東西，組好桌子，等著迎接這天的英雄。

莫內不打獵但是非常愛吃野味，儘管山鷸引人垂涎，但他的最愛是小山鶉。不過這一切並不影響他對眼前這些酥皮肉派、穴兔肉派和鴨肉派的食慾，這都是第一場狩獵野餐的傳統菜色，他通常會扯開喉嚨熱情招呼：「吃飯囉，吃飯囉，吃飯囉！快來嚐嚐這些乳鴿，不趁熱吃就沒那麼好吃了……」伴隨著加油添醋的軼聞趣事，午餐就在塔派、水果與各種蘋果酒與紅酒裡展開。在經過濕熱的7、8月之後，9月的吉維尼天氣通常晴朗宜人，因此，這場午餐也意味著秋天的到來。

雖然現實生活要忙的事情很多，但是對速度的迷戀凌駕了一切，即使是莫內也不願錯過為了看巴黎—馬德里賽車經過而前往伯斯（Beauce）的野餐，更不可能放過蓋雍爬坡賽那一次。且從今以後，他們捨棄附近的森林，到處開發別的野餐地點，採回一籃籃的牛肝菌。任何事都可以成為探路或是野餐的藉口，有時，只要莫內心情不錯地哼唱「動人的希望，希爾凡對我說，我愛你」（譯註：出自喜歌劇《維拉的重騎兵》，莫內一名家僕即叫希爾凡）。希爾凡便跳了出來，載著大家前往著名景點拉莫特—博弗宏（Lamotte-Beuvron），那是達旦姊妹（Tatin）的家鄉，有著讓人恨不得一口吃掉的翻轉蘋果塔。

不用說也知道，在吉維尼，美食具有舉足輕重的地位；所以在波提旅館，女主人為了迎合客人的口味，學會了美式料理像是波士頓燉豆以及鑲嵌肋排，這些年輕的藝術家熱情洋溢地跟她談著壁球及費城胡椒燉湯，根據他們的說法，這湯曾經幫助某位將軍的軍隊贏得一場戰爭，但在吉維尼沒人知道這位將軍，也從未聽聞這件事。不過說真的，吃著類似的家鄉菜或是講述這些熟悉的故事，還是很難讓他們在華爾滋或是步態舞（cake-walk）的節奏中，擺脫無以名狀的焦慮與鄉愁。

對家僕來說，每一天都是忙碌而漫長的，他們沒有什麼娛樂消遣，一如那個時代多數的僕人，他們對所謂休閒只有一點模糊的概念，但是像希爾凡，晚上時，依照索諾涅牧羊人家庭的高貴傳統，他會在花園裡吹狩獵號角自娛。而瑪格麗特，與其嚮往什麼寧靜的海岸，她寧願整個人窩進那張鹽椅（chaise à sel）中，沉浸在她的「燉鍋菜」食譜或是「盧庫魯斯」（Lucullus）將軍的盛宴裡。同時在葵色客廳裡，大家正興味盎然地看著古老的食譜，那些菜沒人能做得出來。

一邊翻閱夏彭提耶出版社的目錄或刺繡，一邊吸吮著從巴黎來的富杰（Fouquet）棒棒糖、蜂蜜佛手柑或是紫羅蘭糖等，大家討論接下來的菜單要怎麼設計，可以肯定的是絕不會從健康養生的角度思考。在這個家裡，最好不要承認自己其實對吃並不在乎，因為他人馬上會投以懷疑的眼光，把你想成粗人，並流露出輕蔑的態度。家裡很少看到那類給病人喝的湯品食譜，或是四旬齋的清淡菜色，這情況對照阿麗絲那過分虔誠的信仰，實在值得玩味。他們對飲食的看法似乎與黎胥留（1585-1642）的時代較為接近，而不同於他們身邊像是喬治．德．貝里歐醫師或其他順勢療法醫師的主張……儘管卡畢辛路（rue des Capucines）著名的喬治．韋伯（Georges Weber）藥房放有普羅斯特．拉居松（Prost-Lacuzon）醫師的順勢療法處方表，大家有時也會隨手從小桌子上拿一張，但是節食這種念頭大概不會出現在任何人的腦海。處方表裡有一條完全印證阿麗絲擔心的事，像是寫給她看的：「砷、硫磺、碳酸鈣、碘，每兩週交替服用一次。節食，實施漸進式的體能鍛鍊，讓生活更精彩，等等。」究竟是該大快朵頤還是調養生息？怎不教人左右為難！

只要身體稍微有點不舒服，他們便忙不迭拿著處方表到弗洛利蒙的菜園裡討救兵，摘個幾片檸檬香蜂草或山薄荷，甚至是琉璃苣來對付微涼夜裡的輕咳，即使一般說來，紫羅蘭花茶的味道比它們細緻得多。

次跨頁：
備餐桌上的黃色餐盤是節慶與重要訪客專屬。

這處方表裡有些建議可用於治療年輕女孩的萎黃病、各種發燒以及暴飲暴食，裡面還有一個章節是關於精神方面疾病的討論，特別是厭世這種症狀，它的製劑是以五種不同的東西，根據比例反覆稀釋十二或十三次製成的。話說回來，反正天生天養，何必在這種地方浪費時間……

若是時間湊得上，得邀請親戚來玩個一天，那可是個大工程。那些親戚啊，即使到鄉下也不忘打扮得那樣體面，衣服漿燙得筆挺，難怪大家不敢邀他們去野餐。這些人就愛雞蛋裡挑骨頭，把他們當作高貴的野蠻人來看待就好。瞧那塞西兒．雷米姑媽（Cécile Rémy）一身盛裝與瑪格麗特．勒曼姑媽（Marguerite Le Moyne）簡直如出一轍，花園恐怕會被壓垮呢。說實在的，這些人無非是仗著親戚關係，前來一睹這位成功藝術家的丰采，但是像個展示品般被人盯著，彷彿身處動植物馴化園（Jardin d'Acclimatation，位於巴黎近郊）的附屬園區，可不是什麼愉快的經驗。當然啦，莫內先生現在赫赫有名，每個人都與有榮焉，唷！咱們親愛的阿麗絲這下可出運了！

孩子們在葵色客廳裡，如今，他們已較能自在地提起艾涅斯特，讀著他創辦的《藝術與時尚》（*L'Art et la Mode*）月刊，裡頭有詩人馬拉梅先生那首的〈白睡蓮〉。儘管斯人不在，他的影像卻在空間裡流動著。其實，這個極為狹小、大部分的時間裡看來就像只大鳥籠的空間，並沒那麼陰鬱沉悶。另一方面，莫內明智地把他的畫室移到花園的另一頭，除了阿麗絲，沒有得到他的允許一律不准進入，阿麗絲可以在畫室裡刺繡、裁縫，或是跟莫內閒聊繪畫，後來，女兒布朗琪則繼續扮演同樣的角色。

在葵色小客廳這些閱讀時光裡，大家對馬克辛．居貢（Maxime du Camp）讚譽有加，討厭左拉（Émile Zola）或巴雷斯（Maurice Barrès），而沒人看得懂易卜生（Henrik Ibsen）在寫什麼。俄國小說、屠格涅夫（Ivan Sergueïevitch Tourgueniev）筆下的故事讓人深深著迷，還有馬拉梅的詩，他那些妙語如珠的信件，以及讓人垂涎三尺的食譜。每個人七嘴八舌發表看法，從喜歌劇院（Opéra-Comique）火災的新聞，到怪獸塔哈斯克（Tarasque）再度從隆河谷地爬出來，準備在塞納河畔的工業宮附近落腳的報導，或是茱莉．馬內後來寫在日記裡的精彩故事。那故事是布朗琪從巴黎回來之後講給大家聽的。話說莫內帶著她到巴黎幫忙布展，那是當時剛過世的貝爾特．莫里索的展覽。他們到了杜宏—胡耶爾的畫廊之後，發現茱莉．馬內一個人有點尷尬地站在那裡，現場人來人往，但沒人曉得究竟要做什麼。後來，莫內與竇加為了那面把展場一分為二的屏風而吵了起來。竇加暴怒說道：「整體是什麼鬼東西，只有蠢蛋才會在意。就像報紙都怎麼寫來著：整體看來，今年的沙龍展表現得比去年更為突出。到底想表達什麼？」雷諾瓦見狀先開溜，馬拉梅先生試著打圓場，但是竇加根本不領情，布朗琪和茱莉在一旁什麼話也不敢說，而杜宏—胡耶爾畫廊的員工個個笑到肚子痛。

此刻，莫內旅行的所見所聞才在眾人七嘴八舌的討論中結束，他又動身外出寫生了。他幾乎每年都出門旅行，每天都寫信，連雞毛蒜皮小事也寫得有條有理，女兒們最愛看了。大家更愛他那些關於義大利博爾迪蓋拉（Bordighera）、美麗島的描述以及從倫敦寄出的信，內容豐富讓人迫不及待。莫內常要人三催四請，但為了這些敬愛他的女兒，他願意動手寫下他所經歷的那些社交晚宴，描述賓客的穿著打扮。他在倫敦的行程多半由約翰·薩金特（John Sargent）安排，他帶著莫內到市中心輪番參加各式晚宴，帶他見任何他想見的人，從博物館館長到收藏家，包括路易王子及整個倫敦藝術圈、政治圈的名人，他甚至還拜託一位朋友，讓莫內得以從她家的窗戶看到維多利亞女王隆重盛大的喪禮，莫內與亨利·詹姆斯（Henry James，美國著名小說家）正是在這一天認識的。這個把我們的雷納爾多·哈恩（Reynaldo Hahn，委內瑞拉裔的法國作曲家）偷走的倫敦看來比巴黎更熱鬧，因為有一半的歐洲人在前往卡爾斯巴德（Carlsbad）享受溫泉浴之前，都在多佛街（Dover Street）的游泳俱樂部（譯註：Bath Club，英國紳士俱樂部之一，成立於 1894 年）裡下過水。倫敦遊記與巴黎之旅，對莫內來說就跟友人來訪同樣重要，與外在保持一定程度的接觸，才不至於讓自己變成一個思想僵化的老頑固。

說來容易，但事情總未必如預期般順利。尤其莫內這種一向彬彬有禮的客人，要是與人爭執起來便是場災難，而面對華麗如雪片般飛來的邀請函：到芝加哥的波特·帕爾默（Potter Palmer）家小住，與友人瑪莉·杭特（Mary Hunter）一起到威尼斯，暫居薩金特·柯蒂斯（Sargent Curtis）女士的巴巴羅宮（Palazzo Barbaro），甚至是到日本，或到印度……要是誰擅自替他回絕這類邀請，後果不堪設想。

耶誕節時，栗子搭配鑲嵌閹雞一起吃。

順道來訪的客人
Hôtes de passage

避居到一個村莊裡，建立自己的桃花源。 ——朱爾・荷納，《日記》

對頁：
天氣允許的話，就會到花園喝茶。莫內喜歡英國卡爾多瑪的茶。

右：
莫內，《酥皮圓餅》（*Les Galettes*）。私人收藏，巴黎。

什麼是阿麗絲與莫內想要的生活呢？莫內有他的堅持、他的創作、他對舒適的追求與對美食的品味，身為一名都市人卻熱愛自然，這一點其實很少見，他是個安於鄉野的資產階級，懂得享受的本篤教會修士。而阿麗絲眼裡的世界可複雜多了，生活充滿一種無法抹除的不確定性。即使她能與莫內同甘共苦，但是當莫內埋首創作，整個人淹沒在畫布裡的時候，她的日子是一片空白；而且莫內時常在漫漫冬日外出寫生，整整幾個月都找不到誰來聊天。畢竟，她喜歡熱鬧的場合，對社交往來更是遊刃有餘，我們可以打賭，到巴黎散心也好，接待順道來花園拜訪的客人也罷，這兩者對她來說同樣重要。

維儂市的資源雖然比不上大都市，卻也不落人後急起直追，錫蘭、大吉嶺或是中國茶，從巴黎來的義大利乳酪、衣服、富杰的糖果、名片、書桌上出現了以黃褐色摩洛哥皮革裝訂的書，工作室裡的沙發床換上印花棉布或緹花布。

不管是購物、與畫商有約、跟朋友晚餐、籌畫展覽、買書或是看表演，他們要不搭火車到聖拉札車站，要不就開車，但是巴黎市的交通讓人不敢恭維，希爾凡總是把車子停在聖－克魯德門（Porte de Saint-Cloud）。他們下榻於聖拉札附近的終點站旅館（Hôtel Terminus），右岸那一帶是整個家族主要的落腳處，先是巴特勒和瑪爾特，後來有吉姆與莉莉。行李安置妥當後，他們便迫不及待鑽入這個由奧斯曼建築組成的巴黎迷宮，許多畫廊都在此落地生根。而把鄰近幾條巷弄串連起來，就可以畫出一張購物地圖或是一張美食地圖。

他們聽知名女高音蘿絲．卡宏（Rose Caron）如何將華格納歌劇詮釋得淋漓盡致，俄國男低音夏里亞賓（Fiodor Chaliapine）演繹的歌劇經典《鮑里斯．古德諾夫》（*Boris Godounov*），蘿伊．富勒（Loïe Fuller，經由羅丹介紹而認識）在瘋狂貝杰劇院（Les Folies Bergère）的蛇舞讓人目瞪口呆，還有爪哇舞者、柬埔寨皇家芭蕾舞團，意氣風發而讓人引頸企盼的迪亞基列夫（Serge de Diaghilev）率領的俄羅斯芭蕾舞團，他們的舞台設計由巴克斯特（Léon Bakst）操刀，另外還有編舞家尼金斯基（Vatslav Nijinski）的作品《牧神的午後》（*L'Après-midi d'un faune*）。莫內還帶阿麗絲去看希羅式角力冠軍賽，這種角力競技展現出一種罕見的暴力，沒想到阿麗絲對選手互相壓制的場面竟然看得入神。

一天看一場表演，每個晚上都換餐廳或是跟朋友一起晚餐，他們在巴黎的行程很緊湊，不過這沒什麼好奇怪的，就算當初是為了耳根清靜避開繁華喧囂，人們離棄巴黎總有那麼點不得已。

至於美食方面，從前莫內常去幾家小店，賣的東西很陽春，裡頭都是些臉色蒼白身形瘦削，長大衣的袖子還飄啊飄，平日似乎只以奶製品果腹或啃書本的年輕人。那些光怪陸離的日子早已結束了。他和杰弗華（Gustave Geffroy）「發起」的星期五德胡翁晚餐（Dîner Drouant），已經有好長一段時間，另外每個月的第一個星期四，他與馬拉梅、喬治．德貝里歐、蓋伊伯特、雷諾瓦等人會在麗希咖啡（Café Riche）碰頭（譯註：這個例行聚會亦稱為「印象派晚餐」，由莫內在 1884 年發起，成員還有居雷、米爾博、杰弗華、俞斯曼）。這類彼此交流的晚餐聚會或是接待日實在太多了，他根本不可能全數參與。

我們現在已經查不到當初莫內與安東諾．普魯斯特（Antonin Proust）一起晚餐的餐廳名字了，這兩人原本打算決鬥，後來經過雙方證人勸阻而打消念頭。依照當時慣例，在森林光明正大地決鬥之後理當去勒朵揚餐廳，我們可憐的艾涅斯特．歐瑟德從前看完沙龍展之後，就常在那一帶活動。1900 年，莫內和阿麗絲到普惠尼葉、朱利安、巴黎咖啡館、英國咖啡館、馬格里等餐廳吃飯，專點他們在吉維尼做不出來的菜餚。而在胡德翁餐廳時，同桌的還有尤金·卡里頁爾（Eugène Carrière）、羅丹、阿加爾貝（Jean Ajalbert）、路西揚·迪斯卡弗（Lucien Descaves）、莫里斯·喬庸（Maurice Joyant）、荷尼（J.–H. Rosny）、考克蘭（Coquelin Cadet）、法蘭茲·如爾丹（Frantz Jourdain）、克里蒙梭、艾德蒙·德龔固爾（Edmond de Goncourt）。照當時慣例，吃完胡德翁烤山鷸或是比目魚佐貝西醬汁之後，就得點「喬塞特梨」，而且一定要搭一瓶德胡翁為這個場合預留的歐布里昂（Haut-Brion）紅酒。龔固爾在星期五晚餐時總是情緒激昂，連說起洛林區的奶油小螯蝦都感性得不得了！

1921 年 6 月，日本橋上的莫內、克里蒙梭與莉莉。

最後，讓我們所有人一起複誦：「晚餐地點怎麼選？有才可以去麗希，有財可以去哈迪。」因為他們兩個地方都常去。最早的時候，莫內在巴黎結識的這些人物無不表示前去吉維尼拜訪的意願，就等他一句話，立即可動身。當然他們比較希望在夏天過去，因為那時花園正美。對阿麗絲來說，她最擔心的就是安排調節這股訪客潮，什麼都要張羅，還要應付層出不窮的問題。況且，他們很難、也幾乎不可能拒絕經由畫商或朋友推薦而來的訪客。這表示，就算莫內正在專心作畫，卻得收拾畫具接待訪客，藝術家純粹的創作狀態與節奏完全被打斷。但是換個角度，拒絕會客就有得罪這些潛在收藏家的風險。

不過阿麗絲很好客，尤其莫內的朋友向來風趣幽默又有個性。當然裡面難免會有幾個過分聒噪的傢伙，廢話連篇又喜歡玩老掉牙的文字遊戲；另外也得忍受某位畫家的太太，她講話喜歡用自己發明的特殊讀音與千奇百怪的字眼……說穿了，這一類人跟一般凡夫俗子沒兩樣。

每個家庭都有他們的摯友與熟人。比較稀奇的是，就算在窮途潦倒的時候，莫內總是盡可能地掌握他的行情定價，並拒絕任何形式的獨家代理，經過那些嚴峻的談判交涉之後，他仍然成功地建立並維持住他與貝恩海姆兄弟的友誼，一如他跟杜宏—胡耶爾。這種性格有時當然會帶來麻煩，所以家裡就算有兩位外交官也不嫌多。

阿麗絲保留了在從前輝煌奢華的日子裡學到的本事，稍微露一手便把畫商打點得服服貼貼，沒有人比她更清楚交際應酬的重要性了。法國外交官塔列宏（Talleyrand），以擅長用佳餚美酒款待外賓達成使命而聞名，某次就對他那至高無上的主子這麼說：「偉大的陛下請您相信我：比起書面指示，我更需要鍋子。」這還不夠清楚嗎？幾隻皇家野兔可以換來一份協議，一場彌撒可以換來巴黎，而莫內的《水上風景》（*Paysages d'eau*）呢？一盤餐巾蓋松露和一筆錢。

阿麗絲在爬滿葡萄藤與玫瑰的屋子裡招待客人，屋子被花園圍繞著，而花園裡的四季不過是一場各色和聲精準的遞嬗，從緋紅色漸漸變成粉紅、白，從 8 月底一波波閃耀著金光的潮水，讓渡給秋天的藍與紫。這道圍牆裡的桃花源，使得這種寧靜安詳、遺世而獨立的印象更為鮮明，沒有人敢前來打擾莫內。有一次，沙夏．基特利自以為有豁免權，結果在半路就被迫打道回府。

從巴黎的友人，到倫敦、威尼斯、美國東岸，特別是芝加哥的友人，另外我們還要注意到一件事，圖桑神父，這位獨一無二的吉維尼人，閱歷豐富而具有國際觀，說得一口好英語。

換句話說，這些人來自四面八方，在聖拉札車站搭火車，到維儂再急忙找輛車接駁到吉維尼。少數幾個意志堅強的偏好健行，比較時尚的則從塞納河搭船過來，像是蓋伊伯特、米爾博、德波夫婦（les Depeaux）、埃勒（Paul Helleu）、約翰斯頓夫婦（les Johnston）等等。他們不住旅館、獨棟房屋或是那種過分裝飾、堆滿雕琢過頭的物件的公寓，任由這樸實的大自然引領他們，吃午餐的地方擺設簡單，但處處可以察覺到驚人的現代性，有田燒（Aritayaki）花瓶、戴爾福特（Delft）細陶上的藍或是伊萬里（Imari）

燒花瓶上優雅的青與銅紅，其中最低調的一只瓷器，是當初荷托姆在一片混亂中被拍賣時倖存的，印度公司（Compagnie des Indes）稀有的粉紅系列其中一件精品。

他們習慣與訪客約在上午快結束時，先簡單參觀一下畫室與溫室，隨即可以趕上十一點半的午餐。在畫室沙龍喝完咖啡之後，趁著下午茶的時間還沒到，大家自然而然就在椴樹下、在陽台或是水池邊聊了起來，有時則會上樓看看莫內的私人收藏，裡面有塞尚、雷諾瓦、畢沙羅、竇加、莫里索、馬內（Édouard Manet）、西涅克（Paul Signac）、柯洛（Camille Corot）、德拉克洛瓦（Eugène Delacroix）的畫作。就像世上其他事物一樣，這些收藏，也會隨著時間波動並蛻變！

下午茶的時候，保羅準備滾水，阿麗絲或是後來接手的布朗琪，舀出幾匙珍貴的卡爾多瑪茶葉，點心有司康、栗子餅、肉桂吐司。

每個人都曉得莫內對「時間」這件事有多挑剔，他也很討厭把自家的車借給訪客，因為這些人每次都遲到，要不在鄉野裡迷路，

莫內與家中一位常客——經營苗圃的喬治・楚浮（Georges Truffaut）——一起散步。

要不就是一次、兩次、三次的爆胎……瑪格麗特忍不住說道有一次，她真的以為莫內會直接坐下，誰也不等自行開動，因為想到接下來一整天的行程都被拖延，他實在非常氣惱。

拜訪的人實在太多了，多到無從計算起。除了所有他早期艱困期認識的朋友，雷諾瓦、西斯雷、畢沙羅、塞尚，還有後來結識的藝術家尤金・卡里頁爾、保羅・埃勒、約翰・薩金特和惠斯勒，還沒算上極少數幾個居住在吉維尼的美國藝術家，里拉・嘉寶・佩利（Lilla Cabot Perry）、西奧多・羅賓森（Theodore Robinson），當然還有西奧多・厄爾・巴特勒，他後來與瑪爾特結婚，成為這個家的一份子。莫內一家與蓋伊伯特、貝爾特・莫里索還有竇加都交情深厚，尤其蓋伊伯特在他們經濟十分拮据時還曾慷慨解囊幫他們度過難關。而維伊亞爾（Édouard Vuillard）、胡賽爾（Ker-Xavier Roussel）、皮耶・波納德（Pierre Bonnard），以及來過一、兩次的馬諦斯（Henri Matisse）跟他們就沒那麼熟。

對莫內的經歷充滿興趣的除了藝術家，還有幾位作家，比如馬拉梅、保羅・梵樂希（Paul Valéry），而克里蒙梭對【睡蓮系列】的理解與掌握更是精準，還在他的書裡花了很多篇幅討論。但是總歸一句，在莫內與阿麗絲的一生中，他們最重視的朋友，大抵是馬拉梅、羅丹、米爾博、克里蒙梭、杰弗華，當然還有杜宏—胡耶爾。畫商莫里斯・喬雍（Maurice Joyant）預告他會帶伊薩克・德卡蒙鐸（Issac de Camondo）過來買【教堂系列】，或是路西揚・基特利想帶阿納托爾・法朗士（Anatole France）過來看看，這些莫內都很歡迎。但是像貝恩海姆兄弟居中介紹而來的瓦格罕王子（Alexandre Berthier de Wagram）喜歡飆車，速度快到沒有人想坐……

沙夏・基特利與夏洛特・利瑟斯，以及薩金特的友人瑪莉・杭特都是吉維尼餐桌上的熟客。還有一些人也很受大家喜愛，像是出版界的三巨頭：法斯傑爾（Eugène Fasquelle）、伽利瑪（Gaston Gallimard）和夏彭提耶（Georges Charpentier）。英國飛行員兼畫家亨利・法蒙（Henry Farman），還有行徑古怪的惠斯勒，他在自家招待訪客時會穿著他自以為的和服，不但親自下廚，還喜歡把菜餚染成適當的顏色，來呼應他那套「藍與白」的餐具。

您喜歡日本嗎？這裡到處看得到日本的東西。這是因為海軍准將貝利的小侄兒跑來吉維尼定居，才讓我們認識了日本，迷上東洋風。

牆上的浮世繪、陶器、花瓶、油紙傘、日式木造小屋、白色的瓷貓乖巧地在第三畫室打盹，牠是所有被禁止出入的貓咪的代表，因為牠們會把花圃給抓得亂七八糟。架上有朋友送的版畫集與文集譯本，這還沒把那些從日本寄來的珍貴百合球莖給算進去呢，這在法國可是非常稀有。甚至，克雷伊的餐具是「日本系列」，且他們還把姓名縮寫或全名給繡成直式。不過這些跟我們在艾德蒙・德龔固爾家看到的一點關係也沒有：他是位雜學的學者，家裡簡直就是萬國博覽會的別館之一。反正所有沒見過或是奇形怪狀的東西都可以宣稱是日本來的，所以亞歷山大．小仲馬在《弗朗西翁》（*Francillon*）那部喜劇裡寫出了一道他想像的日本沙拉：首先倒個一杯伊甘堡的白酒，加入奧爾良的酒醋……鋪上佩里戈爾松露再用香檳煮……謝天謝地，還好這道沙拉從來就沒在莫內的餐桌上出現過。

讓人驚訝的是，在這裡我們完全看不到特別為日本訪客準備的菜單。黑木家（Kuroki）是首批常在佩斯瓦路（rue du Pressoir）附近活動且會買畫的日本人。黑木夫人是布朗琪的好朋友，而她的外祖母松方侯爵夫人（Marquise Matsukata），可是出入日本皇后社交圈的人物。

當然，這些日本人因為時常往返於東京、馬賽與巴黎之間，早已有足夠的時間融入西方文化。只是仍然得忍受法國人一些粗鄙的行為，像是毫無擺盤可言的料理以及大剌剌的掛畫方式，他們不能理解為什麼要把牆壁塞得這麼滿到令人窒息。莫內與阿麗絲原本就曉得日本人喜歡內斂樸實、精煉的形式，或單色而稀有的裝飾。所以款待他們時會用黃色鑲藍邊那套餐具，因為若是用藍色那一套「日本系列」，他們可能會以為是燒陶工廠的惡作劇。

幸好，家裡有只花器，上面以淺藍色顏料寫了簡短而代表日本全國上下的日文賀詞，說莫內是第一批打破透視的西方藝術家之一；還有壁爐上的陶製蝙蝠裝飾，讓德國畫商賓先生（Siegfried Bing）與日本鑑定家林先生（Tadamasa Hayashi）、畫家石橋和訓（Kazunori Ishibashi）這幾位唯美主義者看了心裡舒坦些。從美國藝術史學家貝倫森（Bernard Berenson）到英國畫家威廉．羅森斯坦（William Rothenstein），其中也有某個叫什麼卡爾德的先生，這位先生不是別人，正是美國那位雕塑家（譯註：指 Alexander Calder）的父親……這麼一想，吉維尼簡直就是波士頓與橫濱的腹地！

不管訪客裡有雨果愛慕者或是雨果狂熱者，這都沒什麼關係。除了菜單、個人口味或意見，這些午餐最令人頭痛的部分，是要怎麼接送訪客。有的想要搭馬車，有的則追求目眩神馳的速度感。

比如羅丹與瓦爾德克－盧梭（Pierre Waldeck-Rousseau）同時要來。瓦爾德克－盧梭，即後來 1901 年社團法的推手，在交際應酬酒酣耳熱之間，已然預告了他蓄勢待發的政治生涯。當時他還不是法國總理，而且滿足於作為艾德蒙．亞當夫人（Edmond Adam）沙龍的常客，就像羅丹巴不得自己是每一個沙龍的常客一樣。羅丹只願意騎馬，就算請卡斯東駕著馬車去載他他也不肯，但是政治人物時間寶貴，個個都很急。如果在今天，我們會怎麼做？

另外，竇加的脾氣也總是讓人提心吊膽，他這人有本事妙語如珠讓所有人捧腹大笑，前提是當他叫班納（Albert Besnard）「火燒身的消防員」時，大家願意跟他一搭一唱。所以當保羅．埃勒來作客的時候，萬一竇加也出現，就會讓大家忍不住捏一把冷汗，因為他戲稱埃勒是「蒸氣華鐸」。

在佩斯瓦路的午餐遇到的問題不僅止於此。那裡身懷絕技的各路人馬實在太多了。那個時代是不是蓄積了太多一觸即發的能量呢？就像那一天在花園，塞尚因為感激羅丹與他握手，竟在他面前跪下。羅丹，這位帶有「什麼事都別談，身繫眾多複雜糾紛卻又聲名遠播」這樣標籤的人。也正是羅丹，把稱得上是世界最美的舞者之一的伊莎朵拉．鄧肯（Isadora Duncan）帶到吉維尼，讓莫內的兒子們神魂顛倒。對莫內而言，伊莎朵拉跳舞，就像尼金斯基為羅丹而跳一樣自由奔放，而芝加哥歌劇院的瑪格麗特．納瑪拉（Marguerite Namara）在「睡蓮」工作室演奏鋼琴。克里蒙梭始終是他們的好友，即使因為巴拿馬弊案而使得他的處境微妙，他對莫內的【乾草堆系列】仍然保持高度關注。

這個時期也是克里蒙梭和都傑兄弟（les frères Daudet）、維克多．雨果（Victo Hugo）的女婿婁克華（Édouard Lockroy）、嘉斯汀．韓涅特（Gastine Reinette）過從甚密的時間；他的死對頭德忽列特（Paul Déroulède，法國右派劇作、小說家）則譏諷道：「我沒有打中克里蒙梭，我打飛他的手槍……」儘管如此，繪畫、莫內的友誼以及吉維尼的豪華布蕾是無價的，那些交流與對談也不會因此而失去光采。

餐桌上，大家剛被塔德．納坦森逗得開懷，他轉述道，不久前他問特里斯坦．貝納（Tristan Bernard）能不能給《白雜誌》（*La Revue Blanche*）寫一短篇小說，結果貝納開玩笑地回答：「好。那您什麼時候來露一手？」

米爾博為那些被風雨摧殘的花表示遺憾，沙夏．基特利過來給睡蓮錄影，艾德蒙．德波里尼涅克（Edmond de Polignac）夫婦則說特列維斯公爵（Duc de Trévise）想寫一篇關於這裡的文章。

生活在吉維尼，就像閱讀保羅．梵樂希一樣美好，從花期將盡的鳶尾探出頭來，接待全世界或至少是三分之一個世界的人，戴爾芬才剛把衣物床單燙好，跟她聊個幾句之後，莫內即動身到倫敦，在那根本沒辦法作畫的議會前咕噥抱怨，直到去世都還抽著那該死的軍官級粉紅菸。

在吉維尼的午餐史裡有個無法彌補的缺憾，那就是，怎麼說呢，埃爾斯蒂爾（譯註：Elstir，普魯斯特《追憶似水年華》裡虛構的人物，是故事裡敘事者心目中理想畫家的原型）沒來。普魯斯特非常欣賞莫內的作品，也寫過不少相關的文章，但從不曾來訪。不過我們理當能想像那情景，他坐在餐桌前，全身包得緊緊的，幾乎什麼也沒吃，然後自顧自指著窗戶外溫室裡的蘭花……普魯斯特應該來過吧，特別是晚上，或許一時興起不需什麼理由，想來就來也不管當下是幾點，只為了透過車窗欣賞那些花，就好比他去克列蒙－多內爾公爵夫人（Duchesse de Clermont-Tonnerre）府上時，司機不得不控制車燈的方向好幫他照亮那些種滿玫瑰的小徑……

法蘭茲．斐迪南（François-Ferdinand）的刺殺事件成為第一次世界大戰的導火線。古維尼一如其他地方，感受到情勢變化莫測而人心惶惶。我們可以很快回溯比如龔固爾學院派在大畫室的午餐，1918 年 11 月 14 日一次大戰結束後的第三天，為了慶祝莫內生日而舉辦的午宴，當時克里蒙梭也出席了；或像是戰後幾次與黑木家共進的盛大午宴。

事實上，這些既有的習慣並沒有真的被打斷。莫內在 1926 年去世，而從 1911 年阿麗絲去世後就接手家務的布朗琪，不畏艱苦地撐起這個家：的確，這麼一個歐瑟德—莫內的飲食養成裡，並沒有接觸過僅有一盤主菜、吃著現成的馬鈴薯泥這樣的經驗……只不過，多年以後，萊茵河流域出現了一個野心勃勃的人物（譯註：指希特勒），再度打亂了事物的秩序，布朗琪在 1940 年的 9 月，寫信給梅特尼希伯爵（Comte Metternich）請求他的保護。在獲得伯爵的協助，大門釘上告示牌「這裡，莫內之家。嚴禁任何軍隊佔領」之後，布朗琪才得以放心。整個家園也因此得以保持原貌完好無缺。

隨著家族凋零，布朗琪曉得，在吉維尼這些溫情洋溢的聚會終究到了尾聲，1940 年 6 月的這天，一名遊走各地做買賣的商人開著一輛紅色卡車出現，載走了最後一批家僕。

次跨頁：
香檳在飲用之前要先醒酒換瓶。在吉維尼喝的多半是凱歌香檳。

食譜

LES RECETTES

Déjeuner du 12 novembre 1902
Turbot sauce hollandaise
Cuissot Chevreuil chasseur
Dindes rôties
Pâté de foie gras
Écrevisses
Praliné
Glaces - Nelusko - Alhambra

從巴黎咖啡館（Café de Paris）帶回來的食譜：佛羅倫斯牛舌魚排。

湯品
Les soupes

卡布千層

當天若有牛肉蔬菜鍋就會做的菜。
先將一顆漂亮結實的甘藍菜放到滾水裡燙過，續煮 15 分鐘。瀝乾之後切成薄片。
拿一個盤子抹上奶油，先擺上一片片硬麵包，接著放一層甘藍菜，最後鋪上一層乳酪絲。就這樣持續疊放直到把甘藍菜都用完，最上面一層必須是乳酪絲。
淋上 3~4 大匙的牛肉蔬菜鍋高湯。進烤箱烤約 15 分鐘直到表面呈金黃色。把烤好的卡布甘藍千層放到盤子裡，另外拿一只湯碗盛牛肉蔬菜湯，一起吃。
也可以取出牛肉蔬菜鍋裡煮透了的紅蘿蔔、蕪菁、大蔥等，用叉子壓扁之後拿來製作卡布千層，或是根據季節改用其他蔬菜。

皇室湯

法式清湯、2 顆蛋黃、1 顆蛋、牛高湯。
將 2 顆蛋黃與 1 顆蛋一起拌打，但不要打到起泡（就像做蛋捲的程度即可），加入鹽、半杯牛高湯。攪拌之後倒入小盤（這些材料不可超過 2 公分高）。把盤子放在另一個裝了熱水的容器裡，用中火烤，直到烤出一塊蛋餅（注意不可烤到上色）。原封不動靜置放涼。趁著烤蛋餅時，把法式清湯加熱。將蛋餅切成小丁，放進裝有法式清湯的碗裡。

豐塘居濃湯

融化滿滿一大匙的奶油，趁奶油還熱時加入 1 顆洋蔥、2 支蔥白切圓片、一個拳頭量的酸模、1 顆萵苣以及幾支切成細末的香芹。這些蔬菜要裹滿奶油但是不可變黃燒焦。接著加入約 930 公克壓碎的豌豆與 2 顆馬鈴薯。倒入牛高湯（1.5 公升）將之蓋過，如果吃得較清淡可以加點水。
用鹽、胡椒調味，把鍋子移到爐子一角，以文火燉煮約整整 2 小時。
起鍋過篩後，再加熱數分鐘，加熱時要持續攪拌
取雞蛋大小的奶油，打成霜狀，和 2 顆蛋黃以及 250 克鮮奶油拌打均勻，倒入已經預熱的湯碗裡，最後淋上熱騰騰的湯頭。
吃的時候要搭配薄片麵包。

都芬式湯

拿一口鍋子倒入 1 公升的水，加入核桃大小的奶油，仔細洗淨 450 克左右的嫩蕪菁，表面刮一刮之後放進鍋子裡。用小火煮，直到蕪菁軟得用手指就能壓碎，接著用濾布過濾。把篩過的蕪菁泥加熱，一邊攪拌一邊加入雞蛋大小的細緻奶油或是 2 杯鮮奶油。趁熱吃。

對頁：
每一晚，莫內的餐桌上都有一道湯品，這裡我們看到的是蒜泥濃湯。（食譜見 113 頁）

根芹湯

把 2 大匙的奶油與切成麵包丁一樣的根芹混合，根芹要挑肉質根夠粗的。當根芹丁剛煎到金黃上色時，加入切成滾刀塊的 3 顆中等大小的馬鈴薯。攪拌。倒入足量的鹽滾水（要夠煮一鍋湯），燉煮一段時間。把湯過濾之後，再放到爐子上加熱。在湯碗裡加入生的芹菜丁，和烤麵包丁一起吃。

番茄湯

材料：4 顆大番茄、1 顆小洋蔥、1 大匙細白砂糖、1 大匙奶油、1 茶匙麵粉、1 茶匙肉汁精華、1 小撮小蘇打粉、月桂葉、洋香菜、鹽。將番茄切成四等份，放到鍋子裡，加入肉汁精華、2 支洋香菜、1 片月桂葉、小蘇打粉和糖。慢火煮熟番茄。取另一口鍋子，將奶油融化，加入切成圓片的洋蔥，翻炒至熟，再加入麵粉，翻炒，注意洋蔥與麵粉都不可以炒到上色變黃。加入少許番茄汁拌勻。加鹽。將一切混合。把湯過濾，重新加熱，試味道，上桌。

如何製作好喝的法式清湯

取一口大鍋，倒入 5 公升冷水。放入 2 副有點年紀的雞架子骨頭等。加入 6 根漂亮的紅蘿蔔、4 顆小蕪菁、2 支漂亮的大蔥、1 支西洋芹、1 顆漂亮的洋蔥以及一個內含 2 顆丁香花蕾、百里香、月桂葉以及洋香菜枝的滷包。用文火燉煮 3 小時。中間不斷撈去浮沫。接著過篩。若是要做極清的高湯，則要經過澄清化：高湯先放涼，撈去表面油脂。再把湯加熱，在湯已經熱但尚未滾沸時加入打散的 2 顆蛋白，以及 2 大匙的冷水。輕輕攪動直到稍微沸騰。離火起鍋，靜置 1 小時接著再用濾布過濾。

如何製作牛高湯

取一口大鍋，倒入 3 公升冷水，加入 1.4 公斤牛肉塊以及 1 隻牛腿骨。用中火煮滾 1 小時。撈去浮沫之後，加入半磅紅蘿蔔，比胡蘿蔔稍微少一點的蕪菁，1 顆漂亮的洋蔥與 1 支大蔥。還要加入一個內含洋香菜、百里香、西洋芹、丁香花蕾的香料包。煮滾之後再微滾燉 3 小時。過濾之後便是清澈的高湯。

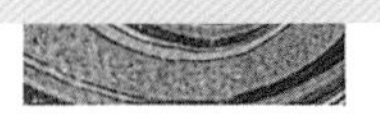

蒜泥濃湯

根據用餐人數調整份量。一人份材料為：2 瓣蒜、1 顆蛋、榛果大小的奶油、乾硬麵包丁、洋香菜少許。將蒜瓣放入足量的水裡（每一人份大約一大碗水），加入鹽、胡椒。開火煮至蒜頭變軟，接著壓扁蒜頭，濃縮成細泥狀之後，離火。取一只大盆，依人數打入足量的蛋（1 顆／人），倒入一點蒜頭水，一邊用叉子攪拌確定蛋與水混合均勻。一邊攪拌一邊將蛋汁倒入蒜泥裡，並加入奶油。加熱但不可煮滾。

用奶油稍微炸一下乾硬麵包丁，起鍋後放進湯碗，接著馬上倒入蒜泥濃湯，撒上洋香菜之後即可上桌。

大蔥馬鈴薯濃湯

將 5~6 支大蔥洗淨，將蔥白部分切成圓片，用雞蛋大小的熱奶油翻炒。炒到一定程度之後，倒入 1 公升熱鹽水，微滾煮 45 分鐘。4 顆馬鈴薯切塊，加入湯裡，續滾 20 分鐘之後即可。先在湯碗裡放核桃大小的奶油，再倒入濃湯。

傑米尼湯

煮這道湯需要兩個拳頭量的酸模。融化 1 大匙奶油，放入酸模用小火煮。煮到一定程度之後，過篩，瀝出酸模奶油湯汁。

將 1 公升（多一點無妨）的高湯煮滾。取 2 顆蛋黃，加入微溫的酸模奶油湯汁，用叉子小心拌勻，接著倒入煮滾的高湯裡，不停攪拌直到湯變得濃稠。再把鍋子移到爐子一角。

麵包切片（不要太厚），用奶油稍微炸一下，放在湯碗裡。接著重新加熱酸模湯（不可煮滾），一邊攪拌，再倒入湯碗裡淹過麵包。

草本湯

將一小個拳頭量的酸模、一拳頭量的香芹、1 顆新鮮萵苣洗淨之後切末。取一口鍋子，融化核桃大小的奶油，再放入這些草葉碎末，加入 1 大匙粗鹽，胡椒少許。我把它們炒個 5 分鐘，再倒入 1 公升半的熱水，讓它咕嚕咕嚕滾個 15 分鐘左右。

接著用冷水洗淨 5 大匙白米，放入湯裡，一邊攪拌讓白米和草葉末混合之後，再用小火微滾煮半小時。吃之前先用打蛋器把湯拌打一番，再把滾燙的湯倒入放有 2 顆榛果大小的奶油的湯碗裡。

蛋類
Les œufs

炒蛋

這食譜是 4 人份。口感細緻，不容易做。要用隔水加熱的作法。

拿一口大鍋子裝水加熱。拿一只大盆打入 8 顆蛋，仔細挑掉臍帶。撒鹽調味。用叉子將蛋打勻，打的時候不要太用力。蛋液不可起泡。拿一口較小的鍋子放入裝了滾水的大鍋裡，一邊倒入蛋汁一邊翻炒。撒點胡椒調味。接著把 2 塊雞蛋大的奶油切丁，等到鍋子裡的蛋稍微成形時再加入。當蛋的表面開始凝固突起時，起鍋。馬上吃，吃的時候可搭配脆烤麵包丁。

當蛋快熟的時候，還可以加入蝦夷蔥末、小塊松露，或是預先用奶油拌炒約 12 分鐘左右的雞油菌。

蛋捲慕斯

用 3 大匙麵粉加一點牛奶調配成稠度適中的麵糊。加入 3 顆蛋黃，以鹽、胡椒調味，再徹底打勻。把蛋白打到硬性發泡之後，加入蛋黃麵糊裡。平底鍋裡放兩大匙油，熱鍋之後倒入蛋糊，蓋上鍋蓋悶煮 1~2 分鐘。打開鍋蓋，續煮約 1 分鐘即可。

番茄扣蛋

8 人份：1 公升牛奶、8 顆蛋、100 克格律耶爾乳酪、鹽、胡椒。番茄醬汁：12 顆番茄、1 小片火腿、核桃大小的奶油、百里香、月桂葉、胡椒、鹽。

在牛奶裡加入少許的鹽，煮滾，之後移到爐子一角。像做蛋捲一樣把蛋打勻，持續拌打的同時，一匙接一匙地加入熱牛奶，直到蛋汁跟著變熱。最後加入剩下的熱牛奶以及乳酪，攪一攪。接著倒入已經塗上奶油的長方形烤模裡，隔水烤 30 分鐘左右。用刀尖測試熟度，若沒沾上液體即是熟了。倒扣到溫過的盤子之前先靜置 5 分鐘。最後淋上番茄醬汁。

利用烤蛋時製作番茄醬汁。番茄切塊，輕壓出汁與籽。放入平底鍋，加入幾支百里香與一片月桂葉，撒鹽、胡椒，火腿切丁（可有可無）一起放進去。番茄煮滾以後，離開大火，用小火悶煮約 20 分鐘，直到番茄變軟醬汁成形。用濾布過濾醬汁，裝在碗裡隔水保溫。上桌時，在醬汁裡加入一大塊奶油。

對頁：
松露炒蛋是耶誕節的傳統菜色。

里昂風味水煮荷包蛋

準備 8 顆蛋、12 顆白色小洋蔥、1 大匙奶油、2 大匙麵粉、1 杯無油高湯、1 杯牛奶、2 大匙格律耶爾乳酪絲、1 杯馬德拉酒醋。

拿一口鍋子裝水，水滾後（不加鹽）倒入酒醋，打入蛋。煮熟之後取出，用乾淨的布擦乾荷包蛋表面的水。洋蔥切細，放入滾水中燙煮後撈起，瀝乾，接著用小火以奶油拌炒，洋蔥必須炒到剛好金黃上色但是不能變焦。待洋蔥一炒熟，加入麵粉、牛奶、無油高湯，拌炒，直到變成濃稠的白醬。調味、試味道。拿一個大小適中稍具深度的焗烤盤，邊緣、底部抹上奶油，先倒入一半的白醬，放上水煮荷包蛋，再將另一半的白醬淋在蛋上，最後撒上格律耶爾乳酪絲，放進烤箱用高溫烤至表面金黃即可。

貝里風味蛋

水煮蛋煮得熟透之後剝殼，對切取出蛋黃。將 2~3 支洋香菜、1 顆小洋蔥與 1 瓣蒜切末之後與蛋黃混合。以鹽、胡椒調味之後，加入 3 大匙鮮奶油並拌打均勻。把製好的蛋黃奶油泥填回對切的水煮蛋裡。倒一點油到烤盤上，擺上對切的蛋，用文火烤到蛋的表面呈金黃色。

對頁：
各種蘑菇是莫內的餐桌上極受歡迎的食材，炒蛋時最常用了。

歐西尼蛋

這道菜簡單到連小孩都會做，每試必成，出爐後片刻都不能等。

將 6 顆蛋的蛋白蛋黃分開，蛋白放在大盆，蛋黃則留在蛋殼裡。試著挑掉臍帶，但是不能弄壞蛋黃。把裝有蛋黃的蛋殼一一擺在弄皺的布上。蛋白部分：撒鹽調味之後，把蛋白打發，要打到極硬，就算放上一支小湯匙表面也不會塌下去。

拿一個可以進烤箱的盤子，抹上奶油，一次倒入整塊打發的蛋白，用木匙刮平蛋白表面。挖出 6 個洞，洞要夠深且彼此距離適中，把蛋黃一一倒入洞裡，撒上胡椒。在表面均勻撒上 2 大匙乳酪絲，以及切小塊的奶油。

放進熱度適中的烤箱，溫度不可太高。把烤盤推到烤箱深處，如果烤的過程順利，大約半小時應該就夠了。蛋黃硬了即是烤熟，請馬上吃。

醬汁
Les sauces

貝爾納斯醬

要製作這種細緻的醬汁，需要準備2顆紅蔥頭、3顆蛋黃、100克奶油、1束百里香、月桂葉、洋香菜、白酒醋、1支龍蒿、1支香芹。把1顆紅蔥頭切細末，將百里香、月桂葉與洋香菜綁成香料束，取一口鍋子倒入1杯白酒醋與上述材料，用極小的火收汁濃縮。收汁完成之後，把鍋子移到爐子一角。用小火融化奶油。等到剛才濃縮好的香料白酒醋汁變得微溫時，先取出香料束再加入蛋黃，此時要持續攪拌，並一點一點加入融化的奶油。以鹽、胡椒調味，最後再混入龍蒿末與香芹末即可。

辣根醬，又名哈汀姆斯基

用有細孔的刨刀把辣根刨成細末，約一小盤的量。煮好5顆水煮蛋。取出熟透的蛋黃，與辣根末混合，再均勻拌入切得細碎的蛋白。將3顆洋蔥與一撮香料（蝦夷蔥、洋香菜、香芹）一起切成細末，撒鹽、胡椒。再加入辣根蛋泥以及幾顆酸豆，淋上少許牛高湯，1小匙酒醋與橄欖油，拌勻即可。

荷蘭醬

把115克左右的奶油切小片，放進鍋裡，並加入2顆蛋黃、少許白鹽及1小匙酒醋。火要極小，先輕輕攪拌讓奶油完全融化，再繼續攪拌直到醬汁呈現該有的濃稠狀。如果火太大，可以改用隔水加熱的方式煮醬汁。酒醋可以用半顆檸檬汁代替。如果希望醬汁更為稠密滑順，可以在上桌之前加入5匙鮮奶油。

塔塔醬

材料：3顆蛋、3顆紅蔥頭、2支洋香菜或香芹、6段細蔥或2支龍蒿，第戎芥末醬、花生油、白酒醋、酸豆。
雞蛋水煮之後取出蛋黃，將蛋黃與2大匙芥末醬、1匙酒醋（最好是白酒醋）以及切細末的紅蔥頭與香料一起混合均勻。接著一滴一滴地加入約莫4大匙的花生油，就像製作美乃滋一樣。最後撒鹽、胡椒。
這道醬汁可以搭配所有的魚類料理，尤其是烤鰻魚，另外像是肉類料理、禽類冷盤也很適合。

美乃滋

適合搭配禽類或魚類冷盤。
拿一只盆子，打入 1 顆蛋黃，撒鹽、胡椒，少許酒醋。一滴一滴把油加進去，並不停攪拌。待美乃滋逐漸成形，確定油的份量足夠之後，試一下味道，再視情況加點酒醋。
可以加點香芹末或蝦夷蔥末，也可以用檸檬汁代替酒醋，這樣美乃滋的味道會比較細緻。
為了讓醬料的製作順利進行，像平常一樣，所有的材料在 2 小時之前要先拿出來回溫。不過重點是持續的攪拌以及耐心。

茄糊醬

材料：雞蛋大小的奶油、2 大匙麵粉、半公升牛奶、2 大匙番茄糊。
拿一口鍋子放入奶油與麵粉，用小火炒成滑順的麵糊。離火之後，一邊攪拌一邊徐徐加入冷牛奶。調味之後再放回爐子上，一樣用小火煮，但這次要用力攪拌直到醬汁沸騰，再將番茄糊倒入，拌攪之後，趁熱上桌。

番茄醬汁

準備足量而熟透的番茄，切成 4 等份，輕壓擠掉多餘的汁及籽。下鍋開火，放入一點百里香與月桂葉，撒鹽、胡椒。當番茄開始滾沸時，轉小火悶煮直到番茄呈現泥狀。起鍋，過篩，放到雙層鍋裡隔著熱水保溫。要上桌時加入足量的奶油，另可依個人喜好加入幾塊瘦火腿。

白奶油醬

準備 5~6 顆紅蔥頭，切細切碎，淋上 1 波特酒杯的干白酒，用小火煮到糊狀。接著，加入 220 克切小塊的奶油，此時要一邊攪拌，且注意不可把醬汁煮滾。最後的成品必須完全融合均勻且質地濃稠，再依個人口味加入鹽、胡椒。
趁著白奶油醬還很熱時搭配鮮魚上桌，最好是白斑狗魚，先用湯底烹煮後，再用已經預熱的盤子端上來。

次跨頁：
切碎的洋蔥和紅蔥頭準備拿來製作白奶油醬，好搭配星期日的白斑狗魚。（食譜見 155 頁）

前菜
Les entrées

洋蔥鑲肉（夏洛特・利瑟斯）

洋蔥燙煮之後挖空中心。將烤肉、雞肉或是小牛肝切碎混勻製成餡料，再用蝦夷蔥、香料、格律耶爾乳酪絲、水煮蛋裝飾，最後撒上乳酪絲，放進烤箱烤。趁熱吃或放涼當冷盤皆可，依照個人喜好。

番茄鑲肉

挑選熟透的番茄，切去尾端一小部分，中心挖空。拿一只平底鍋，將挖出的番茄果肉放入，用大火快炒，滾個幾次之後熄火，過篩。將篩過的番茄泥再次倒入鍋裡，加入香料束（百里香、月桂葉、甜羅勒綁成一束）。撒鹽、胡椒。收汁。取出香料束。把麵包粉浸在高湯裡。

肥肉剁碎，洋香菜、蒜頭、紅蔥頭切末，將混合好的餡料放進熱油裡煎。煎到上色之後，加入麵包粉與番茄泥，混合均勻，拌入蛋黃增加內餡的黏性。如果有蘑菇，可以切碎之後加入。

把做好的內餡填入番茄裡，表面覆上浸過高湯的麵包粉，排在陶盤裡放進烤箱烤。趁熱吃或當冷盤皆可。

鑲嵌茄子

茄子（圓胖型）對切，在表皮劃幾刀，撒上粗鹽，醃約 1 小時讓它出水。撒上麵粉放到滾沸的橄欖油裡面炸熟，注意不要炸到茄子變形。把油瀝乾，挖去茄肉，小心維持表皮的完整。準備大約 1~2 拳頭量的蘑菇，一些洋香菜、1~2 顆紅蔥頭、蒜頭（依口味調整），一一切碎切末之後，用鹽、胡椒調味，再加點油放進烤箱烤。挖下來的茄肉大致切碎，與番茄泥一起加入上述蘑菇餡料，再把茄子填滿。填滿之後撒上麵包粉，淋上橄欖油，烤到金黃上色，搭配澄清番茄漿一起吃。

鑲嵌朝鮮薊

要做 6 份鑲嵌朝鮮薊所需材料為：220 克洋蔥、4~6 顆紅蔥頭、1 杯半高湯、1 大匙番茄泥、1 瓣蒜、220 克蘑菇、麵包粉、2 大顆核桃般的奶油、薄片肥肉、油。

朝鮮薊去掉葉子，用薄片肥肉包住底部，煮熟。洋蔥、紅蔥頭、蒜頭、蘑菇一一切碎，再與番茄泥混合，以鹽調味。奶油與油混合，放入上述餡料拌炒，加入高湯，收汁。將炒好的餡料填入朝鮮薊底部，撒滿麵包粉，烤到上色即可。

對頁：
莫內這道洋蔥鑲肉是從夏洛特・利瑟斯的食譜變化而來的。

餐巾蓋松露

松露仔細洗淨，用刷子刷一刷，削去硬皮。拿一口深鍋，裡面放少許培根薄片，放進松露，倒入好的干白酒，量要足以完全淹過松露。不要蓋蓋子煮約半小時至熟。取出松露瀝乾水份。準備一條溫熱的餐巾包住松露，放在溫熱的盤子裡，並搭配細緻的奶油一起食用。

波爾多風味牛肝菌

材料：牛肝菌1公斤足量、2瓣蒜、油、硬麵包。牛肝菌仔細擦過，不可水洗。菌傘與菌腳分開。拿一只平底鍋，放油，油量要足以蓋過全部的食材。油夠熱之後，放入牛肝菌。撒上胡椒，用小火煮至少足足1小時，加鹽調味。把硬麵包壓成麵包粉，用濾網篩過確定麵包粉壓得夠細。將蒜頭、洋香菜切碎，與麵包粉混合均勻。吃的時候，先將盤子熱過再盛上牛肝菌。鍋子裡只要留下足以浸過麵包粉的油即可，用大火快速把蒜香麵包粉炒一下，不可炒焦。再把麵包粉鋪撒在牛肝菌周圍。這道菜必須趁熱吃

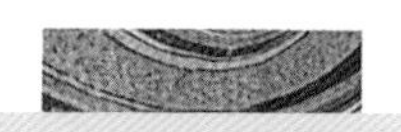

牛肝菌食譜

把牛肝菌擦乾淨，削去表皮。取下菌腳，切掉帶土的部分，其餘用刀子切片，切得很薄，接著把這些薄片排在烤模底部，上面鋪滿整朵菌傘。淋上大量橄欖油，放進烤箱用小火烤。當橄欖油變得清澈時，就是牛肝菌熟了。接著再撒上蒜頭末、洋香菜末、鹽和胡椒。而在烤牛肝菌的時候，可舀起裡面的橄欖油，重複淋在牛肝菌上。這道菜放涼再重新加熱之後更美味好吃

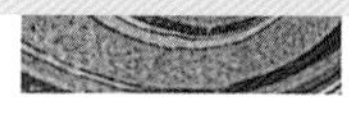

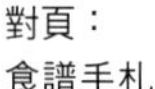

對頁：
食譜手札其中一頁：
雞油菌食譜。

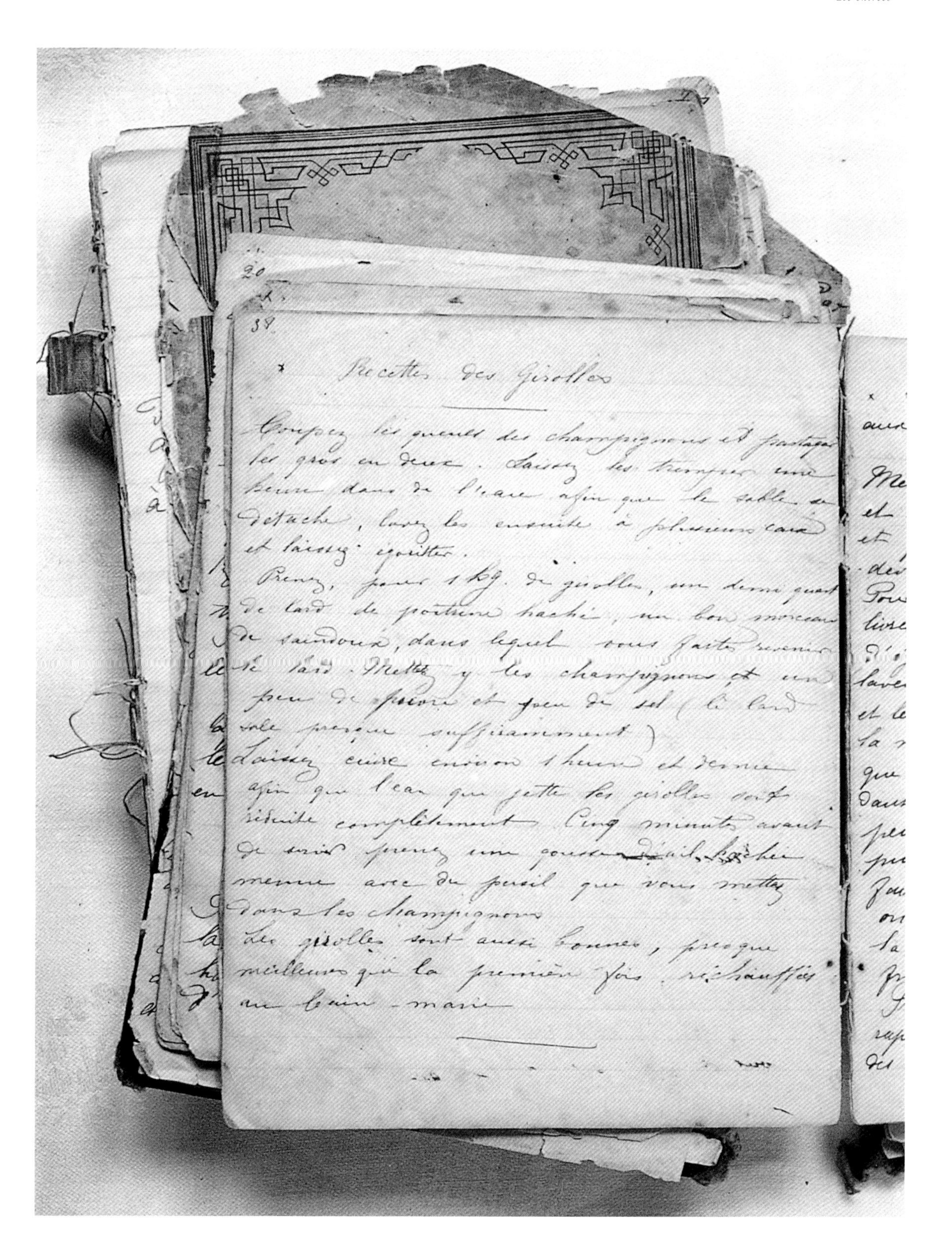

38

Recettes des Girolles

Coupez les queues des champignons et partagez les gros en deux. Laissez les tremper une heure dans de l'eau afin que le sable se détache, lavez les ensuite à plusieurs eaux et laissez égoutter.

Prenez, pour 1 Kg. de girolles, un demi quart de lard de poitrine haché, un bon morceau de saindoux, dans lequel vous faites revenir le lard. Mettez y les champignons et un peu de poivre et peu de sel (le lard sale presque suffisamment)

Laissez cuire environ 1 heure et demie afin que l'eau que jette les girolles soit réduite complètement. Cinq minutes avant de servir prenez une gousse d'ail, hachée menue avec du persil que vous mettez dans les champignons

Les girolles sont aussi bonnes, presque meilleures qu'à la première fois, réchauffées au bain-marie

蘑菇泥

將蘑菇仔細洗淨擦乾，切圓薄片。拿一口鍋子放點奶油，奶油融化之後倒入熱水、少許檸檬汁及鹽。第一次煮滾時放入蘑菇薄片，待蘑菇熟透，起鍋後用篩子瀝乾油水，壓成泥。保留一點鍋裡的湯汁。鍋裡放入奶油，待奶油融化之後，加入一點麵粉，炒一炒讓麵糊上色。接著倒入冷牛奶用大火拌炒，直到麵糊成形後，加入方才保留的湯汁。煮滾之後，倒入蘑菇泥，仔細拌勻，趁熱吃。

雞油菌食譜（馬拉梅）

這道菜需1公斤雞油菌、125克培根、100克豬油、1瓣蒜頭、洋香菜。

切掉雞油菌的菌腳，表面擦乾淨，去掉沙子，不要用水洗，比較大的雞油菌則對切。培根切末，放進豬油裡炒一炒。撒胡椒，但因為培根已有鹹度，所以鹽要減量。放入雞油菌煮約一小時半，煮乾雞油菌裡的水份。上菜的5分鐘前再加入蒜末與洋香菜末。雞油菌很好吃，甚至應該說是最好吃的，若要回溫可用隔水加熱的方式。

焗烤蘑菇

挑選200克優質的巴黎蘑菇，核桃大小的奶油，1大匙切碎的紅蔥頭，1大平匙麵粉、1大匙干邑白蘭地、鮮奶油、鹽、胡椒。蘑菇切掉菇腳帶土的部分，不要水洗，仔細擦掉沙土即可。

拿一口大小適中的鍋子，放入奶油、碎紅蔥頭、切成四等份的蘑菇（不要太大），蓋上鍋蓋用中火煮約10來分鐘至熟。

倒入干邑白蘭地，再煮2分鐘。煮的時候把麵粉與鮮奶油混合，拌入其中，持續翻炒蘑菇。調味、試味道。接著倒入烤模，放進烤箱高溫烤數分鐘即可。

茄子番茄

材料：12顆茄子、12顆漂亮的番茄、100克奶油、6顆紅蔥頭、1~2瓣蒜、香料、橄欖油。

茄子帶皮切片，撒上粗鹽，靜置約1小時。

番茄去皮、去心以後，用足量的奶油，放入1支百里香、1顆丁香花蕾（香料可放進濾袋，以便番茄煮熟拿掉），5~6顆切碎的紅蔥頭、洋香菜末、香芹末、龍蒿末一起拌炒。

拿一只陶盤，倒入一定量的橄欖油，鋪上一層茄子，一層番茄，接著再一層茄子，如此交替擺放。最後撒上麵包粉，用小火烤2~3小時，持續注意火候。

燉大紅豆

6 人份所需材料：2 杯再多一點的大紅豆、洋蔥、1 大塊厚片培根、足量的煙燻火腿、豬油、6 根史特拉斯堡香腸、紅酒。

把大紅豆浸在盛接的雨水裡至少 6 小時。水不要倒掉，加入半大匙粗鹽，1~2 顆洋蔥（根據洋蔥大小），1 束百里香與月桂葉。

把燉鍋放到爐子上，蓋上蓋子用中小火煮至少 2 小時。這道菜的重點是熬煮，為了避免太滾，可以稍微把燉鍋移到爐子一角。大紅豆要煮到膨脹飽滿，但不可裂開。煮一段時間後用手指壓壓看，當大紅豆變軟但還沒完全熟的時候，起鍋，用濾網過濾，底下要拿一個容器盛接湯汁。大紅豆瀝乾之後放在容器裡，蓋著避免乾掉。

拿一只平底鍋，加入滿滿一匙豬油、培根、煙燻火腿與香腸。煎到金黃上色即可，小心不要煎到變成褐色過焦。接著倒進裝有大紅豆的燉鍋中，再加入 1 杯紅酒與大約 4 杯的湯汁。拿一張紙剪成比燉鍋大的圓形，覆在鍋上，再蓋緊鍋蓋，避免鍋內蒸氣溢出。用小火燉煮，時不時打開看一下燉煮情況。大紅豆完全熟透時，裡面應該只剩下一點點湯汁。

普羅旺斯燉白豆

材料：2 公升蘇瓦松（Soissons）的白豆（預先泡過水）、4 匙橄欖油、50 克奶油、2 顆洋蔥、1 支油封鵝腿、香料束、牛高湯、肉豆蔻。

把白豆放進陶鍋裡，加入一點牛高湯、油、奶油、切圓片的洋蔥、幾支切碎的洋香菜、香料束以及油封鵝腿。用鹽調味之後，磨一點肉豆蔻增添風味。

燉煮至少 4 小時，直到整鍋燉白豆的醬汁呈現濃稠狀，就可以離火。

同樣的作法也可以把白豆換成扁豆或其他乾燥的蔬菜。

馬鈴薯派

8 人份。

準備一塊油酥塔皮。把塔皮鋪在長型烤模的底部與壁面。鋪上一層切成圓形薄片的馬鈴薯，排上切成圓片的洋蔥，撒上洋香菜末（大概要準備 6 顆中型馬鈴薯）。撒鹽、胡椒，加入三大匙滿滿的鮮奶油。接著如法炮製鋪上第二層。最後在中間插入一塊捲成煙囪狀的紙板，這個步驟不能省，因為這樣才能讓水蒸氣散出。放進烤箱用中火烤之前，打一顆蛋，將蛋汁塗在馬鈴薯派的表面。烤 2 小時應該就會熟了。如果在烤熟之前表面已經變成金黃色，就蓋上一張油紙。

小農優質紅蘿蔔

將漂亮、紅透的紅蘿蔔切成圓片，放到加鹽的滾水裡煮。快熟時離火，瀝掉水份。煮紅蘿蔔的水要留著。用奶油炒麵糊，加入切碎的香芹、洋香菜、龍蒿（一點點就好）。調味、加入一點紅蘿蔔水，滾個幾次，加點檸檬汁、細白砂糖以及紅蘿蔔。把鍋子移到爐子一角繼續煮，加個一次或兩次煮滾的紅蘿蔔水。蓋上鍋蓋，注意不要完全蓋住，留縫隙讓蒸氣可以散出。一小時之後，紅蘿蔔應該會熟透且表面發亮。盛在預先溫過的蔬菜盆裡吃，可以搭配燉肉之類。

威爾斯兔子（英式食譜）

10 人份：10 片不必太新鮮的吐司，200 克英式乳酪（Gloucester、Chester 或是 Cheddar 皆可），淡色啤酒、黃芥末醬、胡椒、奶油。

切掉吐司邊，切成整齊的長方形。吐司大約要有 1 公分厚。用類似烤肉時的火溫烤，讓它兩面完全呈現均勻的金黃色。要是提前烤好，請先保溫。

拿一只平底鍋，放進切成薄片的乳酪，加上 4 大匙啤酒，滿滿 1 茶匙的黃芥末醬還有 1 匙尖尖的胡椒。用小火一邊加熱一邊攪拌（不要讓它沸騰）。

快速在吐司兩邊塗上奶油，然後淋上一匙融化的乳酪，趁熱吃。

乳酪煎餅

把 200 克的奶油乳酪和 1 顆蛋混合，徐徐加入 100 克麵粉並攪拌。攪拌均勻之後，做成一片片小圓餅。用手把它們拉攤開來，再以熱奶油兩面煎過。

小乳酪塔

6 人份。

拿一只大盆子，倒入大概 300 克左右的奶油乳酪、2 大匙麵粉以及 2 顆蛋。用鹽和胡椒調味。在圓形小烤模裡放一點乳酪絲，倒入剛才混合好的材料。可以倒到五分滿，然後在上面放點奶油，大約像青豆大小那樣的量就好。放進烤箱裡用大火烤大約 20 分鐘。

乳酪舒芙蕾

2 人份：2 大匙麵粉、250 毫升牛奶、雞蛋大小的奶油、60 克格律耶爾乳酪絲、2 顆蛋。

用小火融化奶油，倒入麵粉，攪拌到麵粉完全與奶油混合均勻。加入熱牛奶，冷的也可以，慢慢加而且要不停攪拌，最後會變成比液體來得濃稠的麵糊。離火。加入第一顆蛋黃，接著是第二顆，攪拌；加入第二顆蛋黃之前，先確定第一顆蛋黃已完全融入麵糊裡。最後是乳酪絲、鹽、胡椒。

蛋白打到硬性發泡。加到麵糊裡的時候，把麵糊刮起拌入（不要用攪的）。接著倒進已經抹了奶油的烤模裡（用其他的油也可以），接近八分滿即可。進烤箱用中大火烤 20 幾分鐘。烤的時候注意不要打開烤箱。烤好馬上吃。

家禽
Les volailles

洋蔥雞

選一隻肥嫩的雞，16~20 顆洋蔥（視大小增減），220 克奶油、麵粉、洋香菜、糖、鹽和胡椒。奶油加熱，把整隻雞放下去煎，洋蔥切成 4 等份，排在周圍。當雞的每一面都煎到金黃上色後，撒上一點點（極少的一點點）麵粉。撒鹽、胡椒，加入兩支洋香菜。蓋上鍋蓋煮。時不時打開鍋蓋，讓水蒸氣散出，注意不要讓洋蔥黏鍋。煮到一半時，倒入半杯高湯，如果沒有高湯，那就加熱水。另外拿一口鍋子，放入奶油與 12 顆小洋蔥拌炒，撒點細白砂糖、鹽和胡椒。上桌時把所有洋蔥都擺在雞的周圍。

炸雞

吃剩的烤雞最適合拿來做這道菜了。

先用 220 克麵粉、1 顆蛋、1 杯水還有 1 撮鹽製作麵糊。麵糊製作好後一定要靜置 2 小時。

把雞剁成一塊一塊，沾滿麵糊放到高溫油鍋裡炸。先用最小的雞塊測試油溫是否夠熱。

雞肉凍

要做這道菜，需要小牛後腿骨肉與小牛腱各 450 克、2 片賣相好的豬皮、1 把香料束、2 顆蛋、1 杯馬德拉酒（Madeira）。

前一晚，用這些肉與香料束作法式清湯（可以加入一些切成圓片的紅蘿蔔或是洋蔥）。用小火煮 6 小時。過篩之後，留下高湯。靜置放涼，再撈去表面油脂（這需要花一點時間，建議把鍋子盡可能放在夠冷的地方，甚至放在室外也可以。）

加熱高湯，加入打發的蛋白和馬德拉酒。如果覺得高湯還不夠清澈，再重複一次同樣的步驟，然後把清湯放涼。

把雞放進烤箱裡烤，奶油要足。隨時注意湯汁如果太少就要淋上一些清湯，免得雞肉烤得太乾。表面不需要烤到完全上色。烤熟以後，先去掉雞皮，再分解成一塊塊。拿一個長型烤模，倒入清湯，放入雞塊，如此重複數次直到所有的雞塊都塞滿烤模。

蓋上一塊紗布放進地窖裡。要吃之前先把雞肉挑出來，擺盤。

對頁：
家禽都是精挑細選過的。這裡我們看到的是耶誕節要用的閹雞。（鑲嵌閹雞食譜，134 頁）

陶鍋燉雞

一條漂亮的瘦培根切塊，洋蔥切圓片，一起放到熱奶油裡炒到金黃上色。當它們看起來讓人食指大動時，起鍋。把雞放到燉鍋裡，每一面都煎到上色。倒進培根與洋蔥，淋上一杯白酒。調味。蓋子蓋緊，放到烤箱裡用小火烤。烤好的前 20 分鐘，加一些巴黎蘑菇進去。同時解開綁雞的棉線。

燉雞佐奶油蝦醬

做這道菜要準備一隻健康的雞、奶油、蝦頭、蝦仁和蝦螯。

準備奶油蝦醬：220 克奶油與 2 大匙熱水混合。打成濃稠、細緻的奶油。蝦頭、蝦仁、蝦螯等統統搗碎，過篩（份量大約是奶油的兩倍）。把篩過的蝦泥與方才的奶油混合。準備高湯，用大約半公升的白酒和半公升的水，加入紅蘿蔔、洋蔥、香料束。撒鹽、胡椒。煮滾。把整隻雞放到高湯裡，慢慢燉煮約 1 小時。

舀出一些燉雞的湯汁，與奶油蝦醬混合，加點玉米澱粉勾芡。

將醬汁淋在燉雞上，趁熱吃。

獵人燉雞

4 人份。挑一隻漂亮的穀飼雞。在奶油裡加點油，把剁好的雞肉放下去煎。等到雞肉表面顏色均勻漂亮就可以起鍋，不需要煎到變成金黃色。靜置一旁備用。炒鍋裡剩下的油如果太少，可以加一大匙油，接著再放入大概 220 克的巴黎蘑菇，蘑菇要先洗淨，縱切成片（菇頭和菇蒂）。炒得差不多時，倒入一大杯白酒。稍微收汁，加入 3 顆去籽切成圓片的番茄、少許濃縮番茄醬。如果手邊沒有番茄，濃縮番茄醬就加多一點。調味，加一小把龍蒿。收汁收得差不多之後，倒入 1 杯高湯，煮 12 分鐘左右。接著把雞塊放進炒鍋裡，用文火慢燉。隨後將雞肉取出擺盤，趁熱吃。醬汁如果太稀可以稍微濃縮，吃之前再淋上去。

饕客香煎雞

除了雞以外，還要 4 顆朝鮮薊、1 小顆松露和白酒。

朝鮮薊下鍋燙煮直到葉子脫落。去除葉子與蕊鬚。仔細清洗底部，小心不要壓壞。切丁。稍微把松露表面削皮，擦乾淨，不要用洗的。切片。

炒鍋加一點奶油，把雞放進去煎。整隻雞充分上色之後，倒入 1 杯白酒，撒鹽、胡椒。接著放到烤箱裡用大火烤。肉熟之後，用 1 杯白酒稀釋醬汁。把朝鮮薊丁和松露片擺在周圍。靜置約 12 分鐘，趁熱食用。

佩里戈爾雞

雞剁成塊，放到炒鍋裡，加入足夠的奶油拌炒。炒到上色後起鍋，放入 3 顆切碎的紅蔥頭以及 4 顆完整的紅蔥頭，一樣炒到上色，再把雞肉和湯汁倒回鍋裡。撒鹽、胡椒。小火燉煮的過程裡要時不時翻動，讓雞肉均勻受熱。只要湯汁明顯變少，就加點白酒進去。上桌前把整顆的紅蔥頭取出，趁熱吃。

香芹雞

把切塊而肉質鮮美的雞肉放到鍋裡用熱油炒（油微微冒煙時就可下鍋）。炒到上色之後，放入香料包，裡面要有 1 支洋香菜、1 顆丁香花蕾、1 片月桂葉和 1 支百里香。淋上 1 大杯白酒。調味，稍微濃縮收汁。最後取出香料包。

用一點麵粉與大量的香芹細末把奶油揉捏成大核桃般的大小，放進炒鍋裡勾芡醬汁。趁熱吃。

龍蒿雞

雞殺好取出內臟之後，塞入幾片龍蒿葉，重新縫好、綁緊，包上薄片肥肉。

用洋蔥、1 把香料束、1~2 根漂亮的紅蘿蔔、粗鹽、胡椒粒以及 1~2 支龍蒿來煮高湯。第一次水滾後，把雞放進去，繼續煮。

舀一勺高湯，加入少許玉米澱粉勾芡。用木匙攪拌讓醬汁慢慢成形，繼續煮，不時攪拌，注意火候。隨後把醬汁倒入醬汁杯，裡面撒點切碎的龍蒿葉。

烤雞

挑一隻體型小的穀飼雞。從背部縱向切開、攤平。撒上胡椒，抹上軟化的奶油。烤箱轉大火預熱。15 分鐘後把雞放到烤架上，烤的過程中要不時翻動，讓兩面都均勻上色。大概要烤整整 45 分鐘才會熟。吃的時候淋上融化的奶油，放幾支洋香菜、水芹，還有檸檬片。

鑲嵌閹雞

12 人份。選一隻漂亮且至少 3 公斤的閹雞。拔毛、取出內臟。

準備 2 顆碳烤好的洋蔥、1 片火腿、雞肝與雞胗、傘菌和少許羊肚菌。全部切碎製作餡料。撒鹽、胡椒。在餡料裡加入鮮奶油，融化核桃般大小的奶油，小火慢煮。煮熟後放涼，用 2 顆蛋黃勾芡。倒入 1 杯馬德拉酒增添香氣。如果餡料太稀，可以把硬麵包屑浸到牛奶裡，瀝乾之後加入增加稠度。把餡料塞進閹雞裡。用棉線牢牢綁住。抹上一層融化的奶油放進烤箱，在雞脖子附近放上一些紅蘿蔔、1 小把百里香與洋香菜。烤的時候要時不時澆淋雞高湯。大概足足烤 2 小時，用文火。

紅酒燉公雞

4 人份。1 隻大約 2 公斤的公雞、核桃大小的奶油、1 塊適合的瘦培根、1 打小洋蔥，200 克以內的巴黎蘑菇，布根地紅酒、蒸餾酒、1 把香料束、麵粉。

將公雞剁成塊。瘦培根切丁，和小洋蔥一起放到熱奶油裡炒。起鍋，倒出。同一鍋放進雞肉，多翻炒幾次煎到上色。根據個人口味，視情況加入 1 小瓣蒜頭、香料束和蘑菇（如果蘑菇太大朵，可以對半切）。蓋上鍋蓋煮個 15 分鐘。撈除表面的油脂，倒入蒸餾酒，點火燒去酒精。倒入 2 大杯紅酒。蓋上鍋蓋，再煮半小時。用叉子戳一戳雞肉確認熟度。起鍋，拿一口燉鍋承接瀝出的醬汁，雞肉放在一旁保溫。用軟化的奶油和麵粉混合來勾芡醬汁，快速攪拌。當醬汁變得濃稠滑順時，加入雞肉，趁還很熱的時候吃。烤麵包丁這時也一起上。

把這道菜放到地窖裡，重新隔水加熱後味道更是一絕。

對頁：
食譜手札其中一頁：燉雞佐奶油蝦醬食譜。

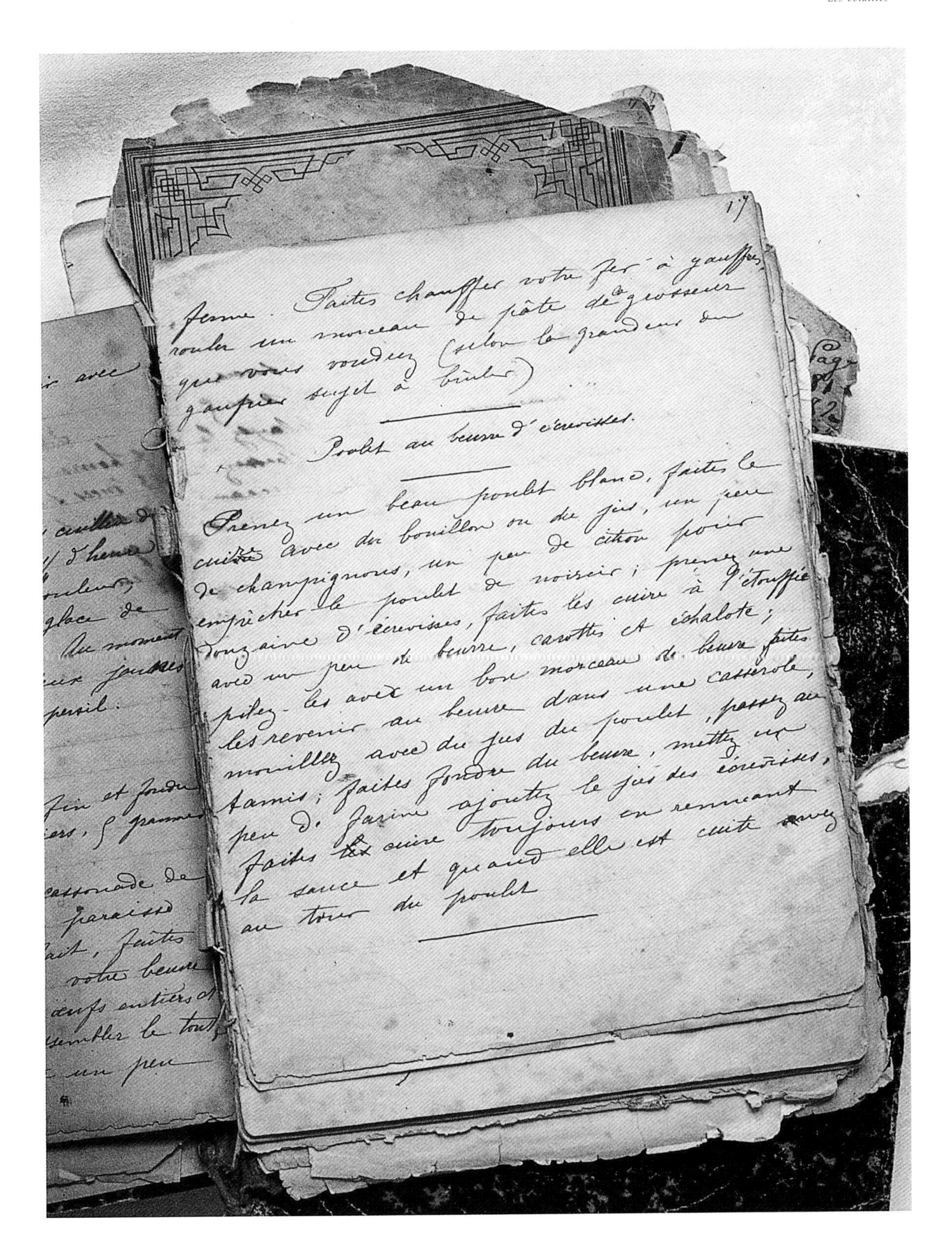

17

ferme. Faites chauffer votre fer à gauffres, rouler un morceau de pâte de grosseur que vous voudrez (selon la grandeur du gauffrier sujet à brûler)

Poulet au beurre d'écrevisses.

Prenez un beau poulet blanc, faites le cuire avec du bouillon ou du jus, un peu de champignons, un peu de citron pour empêcher le poulet de noircir ; prenez une douzaine d'écrevisses, faites les cuire à l'étouffée avec un peu de beurre, carottes et échalote ; pilez-les avec un bon morceau de beurre faites les revenir au beurre dans une casserole, mouillez avec du jus du poulet, passez au tamis ; faites fondre du beurre, mettez un peu de farine ajoutez le jus des écrevisses, faites cuire toujours en remuant la sauce et quand elle est cuite servez au tour du poulet

肉類
Les viandes

牛肉凍（瑪爾特・巴特勒）

拿4~5片培根，用蛋一樣大小的奶油煎一煎，然後把牛肉兩面都煎一煎。就從倒入1杯湯汁和一杯白酒開始。加入5根漂亮的紅蘿蔔，1顆切塊的洋蔥。再把1公斤切塊的無骨牛肉放進湯汁裡。徐徐倒入白酒，約半公升的量，以及2杯湯汁（煎牛肉的）。在牛肉燉好的1小時前，倒入半杯蒸餾酒。烹煮過程大概需要7小時，用小火。放涼之後再脫模。

貝里牛肉

挑一塊漂亮的牛肉，在上面插上一塊塊培根。把牛肉放到長形烤模裡，加2大匙酒醋、1大匙白酒、1瓣蒜頭、2顆插入2個丁香花蕾的紅蔥頭。調味。放在陰涼處，浸漬兩天，每天要翻動兩次牛肉。別忘了上面要蓋一塊紗布。

把蛋一樣大小的奶油融化來煎牛肉。煎到漂亮上色後，淋上一點高湯和1大匙醋漬汁。燉煮時間需要6小時，用極小的火。時不時淋個幾匙醋漬汁。要先試一下味道，而且根據醋漬汁的鹹度考慮是否以高湯替代。燉熟前1小時可放進一點紅蘿蔔。

對頁：
星期日吃的是瑪爾特・巴特勒的牛肉凍，盛在克雷伊藍色的盤子裡。

次跨頁：
新鮮蔬菜前一天就跟弗洛利蒙預定了。

牛肉派

把115克的牛肉一塊（拿來做蔬菜牛肉鍋的那種）、1顆洋蔥、1瓣蒜頭、5顆番茄、1束洋香菜、一個拳頭份量的龍蒿、少許豬脂肪和一撮現磨肉豆蔻全部混合絞碎。調味。放到鍋子裡用一大塊奶油煎。翻拌攪動。把絞肉等餡料煎到軟透。起鍋倒在盤子裡放涼。準備220克麵粉、約核桃大小的豬油塊、一大塊奶油和10克的細鹽來製作派皮。拿一只玻璃杯壓揉。做成圓球狀再擀開，重複三次。拿只焗烤盆裡面塗上奶油，在底部、內壁都鋪上一層薄薄的派皮，倒入絞肉等餡料，再鋪上一層薄派皮。刷上一層蛋黃液，中間戳個洞，插入圓筒紙板（煙囪狀）好讓蒸氣散出。烤一小時。

橄欖烤牛肋眼

挑一塊漂亮的牛肋眼，要1公斤足量。核桃大小的細緻奶油裡加1匙油，把牛肋眼稍微煎一下。兩面都上色均勻後，在周圍放上1打小洋蔥，優質煙燻培根切丁也放進去。倒入1碗熱水，加1把香料束與2瓣蒜頭。撒鹽、胡椒之後蓋緊鍋蓋。放到爐子上煮，等到裡面湯汁開始滾的時候，移到烤箱用中火烤2小時。隨後加入220克去核去鹽的綠橄欖。再烤整整1小時。取出牛肉，放在旁邊保溫，用混合好的麵粉奶油勾芡。上桌時把牛肋眼放在深盤裡，醬汁要淋滿。加入橄欖的時候同時也可以放入一點巴黎蘑菇。

賣酒人牛排

1 份牛排。製作醬汁：麵糊炒到稍微金黃後，用 2 大匙高湯稀釋。4 杯紅酒加一些切碎的紅蔥頭，調味，濃縮。把濃縮好的紅酒醬汁倒進麵糊裡，充分拌勻。牛排兩面烤一下，淋上熱騰騰的醬汁。紅酒也可以換成白酒。

波爾多牛排

1 份牛排。製作醬汁：把 4 顆切碎的紅蔥頭放到奶油裡炒軟，炒的時候要加點洋香菜末，還要放進 1 塊川燙過的牛骨髓。烤牛排，翻面之後，拿一把燙過熱水的刀，沾起醬汁塗在牛排上。等到另一面也烤好就可以吃了。

布利風味牛排

在牛排兩面各塗上一層莫城（Meaux）的黃芥末醬。靜置 2 小時之後用奶油稍微煎一下。

雜燴燉牛尾

10 人份。牛尾 1 支、4 片豬皮、2 支豬腳、1 顆甘藍菜心、12 顆白色小洋蔥、220 克蕪菁和紅蘿蔔、1 把香料束、2 瓣蒜頭、一人 2 根英式早餐腸、白酒、牛高湯。

建議事先備料。蔬菜切滾刀塊。在小洋蔥上一一插上 1 根丁香花蕾。根據人數把牛尾切段。2 支豬腳剁成 4 塊。豬皮鋪在燉鍋底部，放入肉、蔬菜、香料束、蒜頭以及 1 小匙粗鹽。淋上半公升干白酒。蓋上鍋蓋慢火燉煮直到湯汁都收乾。除了豬皮和香料束，把所有東西倒到另一口燉鍋裡。靜置一旁。原鍋倒入高湯，大火快煮並用木匙攪拌湯汁。滾個幾次之後，倒進盛了肉的燉鍋裡。蓋子蓋緊，若有縫隙則用麵粉加水封住。煮至少 2 小時。上桌前 15 分鐘，把英式早餐腸烤一烤。

起鍋的前半小時，可以根據人數，加入每人 1~2 顆馬鈴薯。

雜燴燉牛尾（馬格里）

準備 1 支牛尾、4 片豬皮、百里香、月桂葉、白酒、小洋蔥（12 顆）、220 克巴黎蘑菇、6 根英式早餐腸、1 公斤栗子。

把切段的牛尾放在底部鋪了豬皮和香料的鍋裡。放進烤箱烤 15 分鐘使之出水。淋上一點褐色高湯，讓它濃縮直到呈糖漿狀，再加入剩下 2/3 的褐色高湯以及 1 杯白酒。細火慢燉直到肉與骨頭能輕易分開。接著把牛尾倒進炒鍋裡，澆上方才的湯汁，撈去油脂。放進焦糖小洋蔥、奶油炒過的蘑菇、英式早餐腸以及潔白的栗子。煮約 15 分鐘，趁熱吃。

焗烤牛舌

前一晚，在流動的水下清洗去除牛舌裡的血水。隔天，用滾水燙煮個半小時。切掉舌尖以及油脂太多的部分，去除舌皮。拿來燉的菜和蔬菜牛肉鍋一樣，燉煮 3 小時。

把牛舌切成薄片。焗烤盆內塗奶油。把牛舌一片片放入，澆上白酒，放上酸黃瓜片、切碎的紅蔥頭以及洋香菜末。最後撒上一層麵包粉、幾顆榛果般大小的奶油。

用小火烤大約半小時。注意火候。

（譯註：蔬菜牛肉鍋的基本配菜為：馬鈴薯、紅蘿蔔、蕪菁、大蔥、西洋芹）

布爾喬亞式牛舌

材料：1 份漂亮的牛舌（2 公斤）、100 克奶油、1 支小牛腳、4 片豬皮、12 根小紅蘿蔔、12 顆小洋蔥、牛骨高湯以及番茄糊。

在流動的水下清洗去除牛舌裡的血水，接著川燙去腥。去除舌皮。煮約 1 小時。

牛舌切片。放進燉鍋裡，倒入牛骨高湯，淹過牛舌面積的 3/4。小牛腳縱向切開放入，接著放進豬皮。調味。上下翻動，煮約 1 小時。接著加入小紅蘿蔔與小洋蔥，再煮足足 1 小時。

取出牛舌、小牛腳以及豬皮。放置一旁保溫。撈去醬汁上層油脂，用番茄糊勾芡後倒入放有牛舌的那一鍋。趁熱搭配蔬菜一起吃。

綿羊雜燴

將一塊瘦培根切丁，與少許奶油一起鋪在燉鍋底部。煎黃上色之後取出培根丁。放進 12 顆小洋蔥，20 根左右的蕪菁與切塊的馬鈴薯（1 公斤）稍微拌炒。起鍋。拿一只炒鍋，融化一點奶油並加點油，油熱之後，放入 220 克羊肋排和 450 克羊肩拌炒。放置一旁備用。用燉鍋加點奶油炒麵糊，再放進培根丁與蔬菜。撒鹽、胡椒。放入羊肉，倒入足量的熱水淹過所有材料。加入 1 瓣蒜頭、1 把香料束。用文火煮足 2 小時。

放入羊肉時，也可以加入 2 顆漂亮的番茄，去籽去皮切成 4 等份。

綿羊肩鑲肉

準備內餡。一條瘦培根、洋香菜2瓣蒜頭一起絞碎。麵包屑浸到牛奶裡，瀝乾之後加入餡料裡。
攤開去骨的羊肩肉，撒鹽、胡椒，接著填進餡料。捲起來後用小牛薄膜包住。放進燉鍋用熱油煎到上色之後，在周圍鋪上厚厚一圈碎洋蔥（大約需要1公斤）、2杯已經有八分熟的白豆以及4顆切成厚圓片的馬鈴薯。調味。用熱水將所有材料淹過。先在爐子上煮滾之後，再放進烤箱烤足2小時。

紙包綿羊舌

把4片漂亮的綿羊舌浸在冷水裡數小時。接著與馬鈴薯、紅蘿蔔、蕪菁、西洋芹與大蔥一起煮。當羊舌熟透、放涼以後，對半縱切，接著用油紙包住。把各式香料、紅蔥頭、一點點培根與麵包屑全數切得細碎，用鹽和胡椒提味，調成的糊狀物敷在紙包的羊舌外層。用小火煮，上桌時切一些檸檬片放旁邊。

沙夏的梅花肉（基特利）

把梅花肉放在冷水裡，加鹽、胡椒、香料束一起煮。煮滾時，放入甘藍菜和馬鈴薯。煮約2小時。接著放入香腸，再煮半小時。上桌。

約克郡布丁（搭配羊腿）

把 115 克麵粉中間挖個洞像口井。打好 3 顆蛋倒進中央，慢慢將蛋液與麵粉混合，然後慢慢地，倒入半公升的冷水。撒鹽以及現磨肉豆蔻。將混合好的材料倒進盤子裡，盤子要先抹奶油，塗了烤肉的油脂的話更好。放進烤箱烤大概 25 分鐘。當布丁表面漸漸變成金黃色且膨脹起來時，淋上烤羊腿的湯汁。

基特利的卡蘇雷（路西揚）

買一點綿羊肉好做雜燴，另外還要有鵝胸肉、115 克肥豬肉丁。
把所有東西都放進鍋子裡炒；炒到明顯上色後，倒進銅鍋或是陶鍋裡。
撒上滿滿一匙麵粉，一邊翻拌免得麵粉焦掉。倒入高湯，撒鹽、胡椒，放入香料束與切碎的 1 瓣蒜頭。加上一些番茄糊。
另外煮熟 1 根蒜味香腸之後切段，放進卡蘇雷裡。白豆要加多少則根據個人喜好。繼續燉煮。
上桌之前，切些洋香菜末，與一些麵包粉一起撒在卡蘇雷上，進烤箱稍微烤一下上色。
盡可能直接端著鍋子上桌。

弗瓦攸肉片

在肉片上鋪上一層碎洋蔥，用奶油煎熟但不要上色。接著準備麵包粉與乳酪絲，拿一只焗烤盆，底部鋪上用奶油煎透的碎洋蔥，再放上洋蔥肉片。倒入白酒把料淹過一半即可，表面放上一點點奶油（不超過核桃大小），撒鹽、胡椒，放進烤箱用小火烤。上桌時切幾塊檸檬放旁邊。

圓切小牛腿

小牛腿肉上插入一塊塊培根。放到內塗奶油的焗烤盆裡，上下都要撒一些切碎的紅蔥頭、蒜頭（非必要），以及細麵包粉。最後在上面放幾顆榛果大小的奶油。淋上少許高湯，大量白酒。進烤箱用大火烤。烤的過程裡要翻動牛肉。也可以不要加麵包粉，改用玉米澱粉勾芡醬汁。

也可以加一些蘑菇和牛肉一起烤，讓滋味更豐富。

維也納小牛肉片

小牛肉片要切得極薄，讓它一下子就能熟。拿個深盤打入 1 顆雞蛋，撒鹽、胡椒，滴幾滴油，混勻。肉片先沾過蛋汁後再裹上麵包屑，當然也可以用麵包粉替代。

炒鍋裡放入奶油加熱，油量根據材料增減，但基本上要多一點。油微微冒煙時，放入肉片。兩面煎熟。擺盤時，在小牛肉片周圍鋪上切碎的水煮蛋、洋香菜末、幾塊檸檬。融一點奶油澆在肉片上，不要太多。起鍋馬上吃。

橄欖小牛肉

把小牛肉放到熱油鍋裡翻炒。蓋上鍋蓋，用小火煮半小時。220 克綠橄欖去核、3~4 顆小洋蔥去掉外皮放在牛肉周圍。撒上一點點鹽就好，因為橄欖本身已有鹹度。撒胡椒，再次蓋上鍋蓋，煮約半小時。加入 1 小杯熱高湯稀釋醬汁，若沒有高湯則加熱水。

農婦小牛肝

6 人份：750 克小牛肝、125 克豬胸培根，4 顆大洋蔥、12 顆結實的馬鈴薯、半杯橄欖油、1 杯紅酒、半杯高湯、核桃大小的奶油、2 支洋香菜、1 瓣蒜頭、麵粉。

培根切塊，與油放進炒鍋裡。當培根出油完全之後，瀝油起鍋，把培根放到盤子裡。拿一只平底鍋，倒入油，油微微冒煙時，放進切成薄片的洋蔥。把鍋子移到爐子一角，讓洋蔥慢慢上色，記得不時翻面。同時，將小牛肝切成小丁並調味。洋蔥起鍋與培根放在一起。把炒洋蔥的鍋拿來煎小牛肝，快速煎一下即可。瀝汁起鍋，放到一旁用一塊布蓋著保溫（用鍋蓋的話會有水蒸氣）。

倒掉平底鍋的油，倒入酒，把鍋裡醬汁刮一刮，濃縮到剩 1/3。倒入高湯，煮滾後用奶油加一點點麵粉勾芡。醬汁要很清爽。同時加入培根、洋蔥、洋香菜末、拍碎的蒜頭。蓋上鍋蓋。燉煮約 20 幾分鐘。上桌的前 5 分鐘再把小牛肝倒進平底鍋裡拌一下，起鍋便吃。

小牛肝凍

1公斤的小牛肝所需配料有：馬德拉酒、1支小牛腳、1公升高湯、白酒。
把小牛肝浸在馬德拉酒裡至少2小時（波特酒亦可）。燉鍋倒入高湯放入小牛腳，再倒進1杯白酒，浸過小牛肝的濃縮漬汁，還有1把香料束、3顆丁香花蕾與四香粉。
高湯滾了之後放入小牛肝，蓋上鍋蓋進烤箱烤半小時。取出小牛肝放涼，上桌時再與凍汁一起擺盤。
（譯註：四香粉是含有薑、肉豆蔻、丁香、胡椒之綜合香料。）

小牛肉丸子

洋蔥用油慢火炒透，倒入牛高湯製作醬汁。做好之好備用。丸子材料：極細的絞肉混合洋香菜末、1顆蛋，以及泡過牛奶並瀝乾的麵包屑。混合後調味。別忘了加點現磨的肉豆蔻。丸子不可做得太大顆。放到麵粉裡滾一滾，再放進醬汁裡煮熟。上桌之前，擠上一點檸檬汁。

米蘭小牛排

一如維也納小牛肉片，把小牛排沾過蛋汁裹上麵包屑。小牛排放到澄清奶油裡，用大火迅速煎過之後再用中火煮。番茄醬汁需要奶油並取一點煎小牛排的肉汁，放點點瘦火腿絲（洋蔥、紅蔥頭、蒜頭都不要加）和一些切片的蘑菇。醬汁要另外起鍋製作。等鍋內配料熟透時，醬汁也差不多完成了。吃的時候搭配通心粉或是義大利麵。煮麵的時機要根據小牛排煮熟的時間拿捏，讓它們可同時上桌。最好可以撒上帕瑪森乳酪絲，沒有的話，用格律耶爾乳酪絲代替也可以。

野味
Le gibier

盧昂鴨

4 人份；1 隻年輕的鴨子、1 條漂亮的培根、幾顆紅蔥頭、雞蛋大小的奶油、4~6 顆洋蔥（根據大小）、2 杯波爾多紅酒。

用掐殺法處理鴨子，如此可以保留住所有鴨血。取出內臟之後，鴨肝和培根、洋蔥一起切碎。加鹽、胡椒、四香粉調味。接著把這些餡料填進鴨子裡，填好後綁緊。放進烤箱用大火烤個半小時，如果鴨子不是很肥，烤的時間可以縮短。出爐後把鴨子分解，鴨腿與鴨翅另置一旁。

拿一只塗上奶油的焗烤盆，底部鋪滿切碎的紅蔥頭，若餡料有剩也一起放進去。鋪上鴨柳。用杵把鴨架子磨碎榨出鴨血。再將之與紅酒混合，淋在鴨柳上。進烤箱用小火烤一下讓醬汁稍微濃縮變稠。鴨肉不可烤太熟，才能保持肉質的鮮嫩度。烤的同時，另一邊爐子上則把鴨腿及鴨翅放到炒鍋裡稍微拌炒至熟。

蕪菁燉鴨

鴨肝、鴨胗切小塊，撒點鹽、胡椒調味後塞進鴨子裡。把 1 匙滿滿的奶油加熱，但如果有鴨油就用鴨油。奶油熱了微微冒煙時，放入鴨子，一邊翻面使之上色。接著，蓋上鍋蓋用文火燉煮半小時。接著，在周圍放上 1 公斤清甜爽口的小蕪菁；蕪菁如果太大可以對切甚至切成 4 塊。撒鹽。煮滾之後，蓋上鍋蓋，用小火繼續燉煮 1 小時。

鴨肉派

材料：1 隻鴨、680 克的小牛肉、150 克瘦培根、150 克香腸絞肉、80 克乾麵包屑、薄片肥肉、白酒、肉派用派皮、干邑白蘭地。

鴨子去骨。鴨肉盡可能切成細長條，小牛肉亦如法炮製。1 杯白酒加上 3 大匙干邑白蘭地，一一浸入鴨肉條與小牛肉條。鴨骨周圍的肉統統取下，切碎以後和香腸絞肉、麵包屑混合。

烤模底部、周圍鋪上派皮壓緊，放上一層肉餡、一層鴨肉條和小牛肉條，如此交替擺放完畢。接著疊上薄片肥肉。再蓋上一層派皮，中間要挖個洞。然後從洞中淋入一些肉汁。進烤箱用大火烤 3 小時。放涼後再吃。

對頁：
尚．皮耶可說是這一家的神槍手。在莫內生日那天獻上親手獵來的山鷸做的料理，是家族一貫的傳統。（食譜見 148 頁）

兔肉派

將兔子剁成一塊一塊。拿一個長形烤模，底部鋪上培根片，用鹽與胡椒撒在每塊兔肉上，將之放入模子裡。最後鋪上一層切得極細的培根，再蓋上一大薄片肥肉。加入 2~3 顆切成圓片的洋蔥、1 片月桂葉、百里香、杜松子。澆上 1 烈酒杯的蒸餾酒。進烤箱烤 2 小時左右。出爐 15 分鐘前，倒入 2 杯滿滿的水做凍汁。當肉派還熱著時，撈去油脂。搖一搖模子，倒出湯汁，去油後再倒回肉派裡。挑掉月桂葉、百里香之類會乾掉的東西，放涼後食用。

要做這道兔肉派，最好用麵粉調水把蓋子與烤模周圍完全封住。

烤山鷸

不需將山鷸內臟取出，只需在脖子處劃開一條縫取出沙囊即可。挖掉眼睛。火燒去毛之後，用一片極薄的肥肉整個包住。最後用棉線綁起來。烤山鷸時，底下用乾麵包承接肉汁。1 隻中等大小的山鷸，烤 20 分鐘裡面肉色大概就會呈粉紅，熟度恰好。續烤第二隻則要記得縮短一半時間。出爐後撒鹽，解開棉線，拿掉肥肉片，趁熱搭配著浸滿肉汁的麵包一起吃。

香煎山鷸

山鷸必須先在陰涼處放置數天。不需取出內臟。當山鷸經過幾天貯存而微微發臭時，拔去羽毛，小心不要碰傷外皮。

開大火，把山鷸放進熱奶油裡煮 15 分鐘。加入 2 顆切碎的紅蔥頭，半杯白酒，1 顆檸檬的汁。再煮 12 分鐘。

甘藍小山鶉

2 隻小山鶉所需配料：1 顆漂亮的甘藍菜、3 根紅蘿蔔、2 顆小洋蔥、1 把香料束、115 克磅瘦培根、1 根熟香腸、高湯、豬油、奶油、薄肥肉片。

拔去小山鶉的羽毛，取出內臟，火燒去毛，把兩隻山鶉分別綁好。甘藍菜放到滾水裡燙煮幾分鐘。豬油加熱，放進小山鶉每一面煎一下。在燉鍋裡鋪好薄肥肉片，放入一半的甘藍葉，甘藍葉要瀝掉水份用布吸乾。小山鶉橫放在甘藍葉上，並放上切成圓片的紅蘿蔔以及碎洋蔥。調味。再覆上剩下的甘藍葉、切丁的培根以及熟香腸。倒入高湯，放點青豆般的奶油或是豬油。蓋上鍋蓋，用麵粉封住鍋子邊緣縫隙。以中火煮約 2 小時，若是用的小山鶉並非幼鳥則要煮久一點。煮好後如果醬汁太稀，用漏勺把裡的東西全數撈出，放置一旁保溫，再用大火把醬汁濃縮，倒入醬汁杯。趁熱吃。

鹿肉佐薔薇果醬汁

1.4 公斤重的狍鹿肉、半公斤薔薇果、1 公升白酒、220 克杏仁、檸檬、酒醋。

把鹿肉浸在水與醋 2：1 的醋水裡。用粗鹽與胡椒粒調味。把鹿肉烹煮到軟硬適中而不失彈性，根據鹿的年紀調整烹煮時間。

準備醬汁。薔薇果洗乾淨擦乾。放到缽裡用杵搗碎。取出果汁果肉之後秤一下重量，加入等量的白酒一起煮約半小時，加入一點鹿肉湯汁。過濾。用奶油、湯汁與薔薇果醬汁來炒麵糊。杏仁磨成粉，半顆檸檬切得極細，與 4 顆丁香花苞，1 小匙糖一起加入麵糊裡。仔細拌攪直到所有材料融合無間，醬汁變得滑順。

吃的時候可自行選擇是否要將醬汁淋在肉上，或是沾著吃。

燒烤香料漬狍鹿腿

醃漬材料：4 大匙油、2 大匙優質酒醋、6 根紅蘿蔔、6 顆洋蔥、4 顆紅蔥頭、1 支西洋芹、1 把香料束、1 瓶白酒。

除了狍鹿腿，還要準備 200~250 克瘦培根。

瘦培根切塊，像針插那樣插入整支狍鹿腿裡。撒上鹽、胡椒。放入漬汁裡。醃漬過程中要規律舀起漬汁淋在狍鹿腿上，一天數次。不需醃太久，1~2 天不要再多。進烤箱之前，先洗乾淨整支狍鹿腿，仔細擦乾。完成上述步驟之後，再塗上一層油，放進烤箱用大火烤。若是火候很足，有燒起來的危險，就淋點漬汁在狍鹿腿上。烤的過程裡要不時翻動，火要越來越小，直到烤得熟透。

鹿腿取出之後，倒掉烤鍋裡的油但不要洗，加幾匙漬汁進去把鍋底殘留刮一刮，濃縮之後即為醬汁，搭配食用。

森林野菇燉鴿

用豬油把鴿子煎上色。當鴿子的顏色變得漂亮金黃時，起鍋。原鍋放入切成圓片的紅蘿蔔、切成薄片的巴黎蘑菇以及切成圓片的洋蔥。加點西洋芹末。當所有的蔬菜都炒透再放進鴿子，並覆以一層炒好的蔬菜。調味，淋上肉汁與干邑白蘭地。鍋蓋蓋緊，圍上一圈用麵皮捲成的繩子使之完全與鍋子密合。燉煮一到一個半小時，根據鴿子的年紀調整。直接就著燉鍋食用。

陶鍋燉鴿

4 人份材料：2 隻鴿子、100 克瘦豬胸培根、150 克迷你小洋蔥、150 克巴黎蘑菇、2 杯波爾多白酒、核桃大小般的奶油、高湯。

去除鴿子身上多餘的筋膜與脂肪，用棉線綁好。培根先切去肥肉部分再切小塊，用沸水燙煮。撈出後用熱奶油炸黃。鍋子要不大不小剛好符合鴿子的尺寸。取出培根。放入迷你小洋蔥；晃動鍋子但不要碰到洋蔥。起鍋後和培根放在一起。接著把蘑菇放進鍋裡。拌炒之後起鍋，倒入洋蔥培根裡。最後把鴿子放入鍋裡，只要稍微煎上色就好。起鍋備用。

同樣這口鍋子，炒麵糊。用高湯與酒稀釋。當醬汁開始滾的時候，放入鴿子，周圍與鴿子上鋪滿洋蔥、培根、蘑菇。撒鹽調味。鍋蓋蓋緊，進烤箱，用文火烤 2 小時。

對頁：
食譜手札其中一頁：
鹿肉佐薔薇果醬汁。

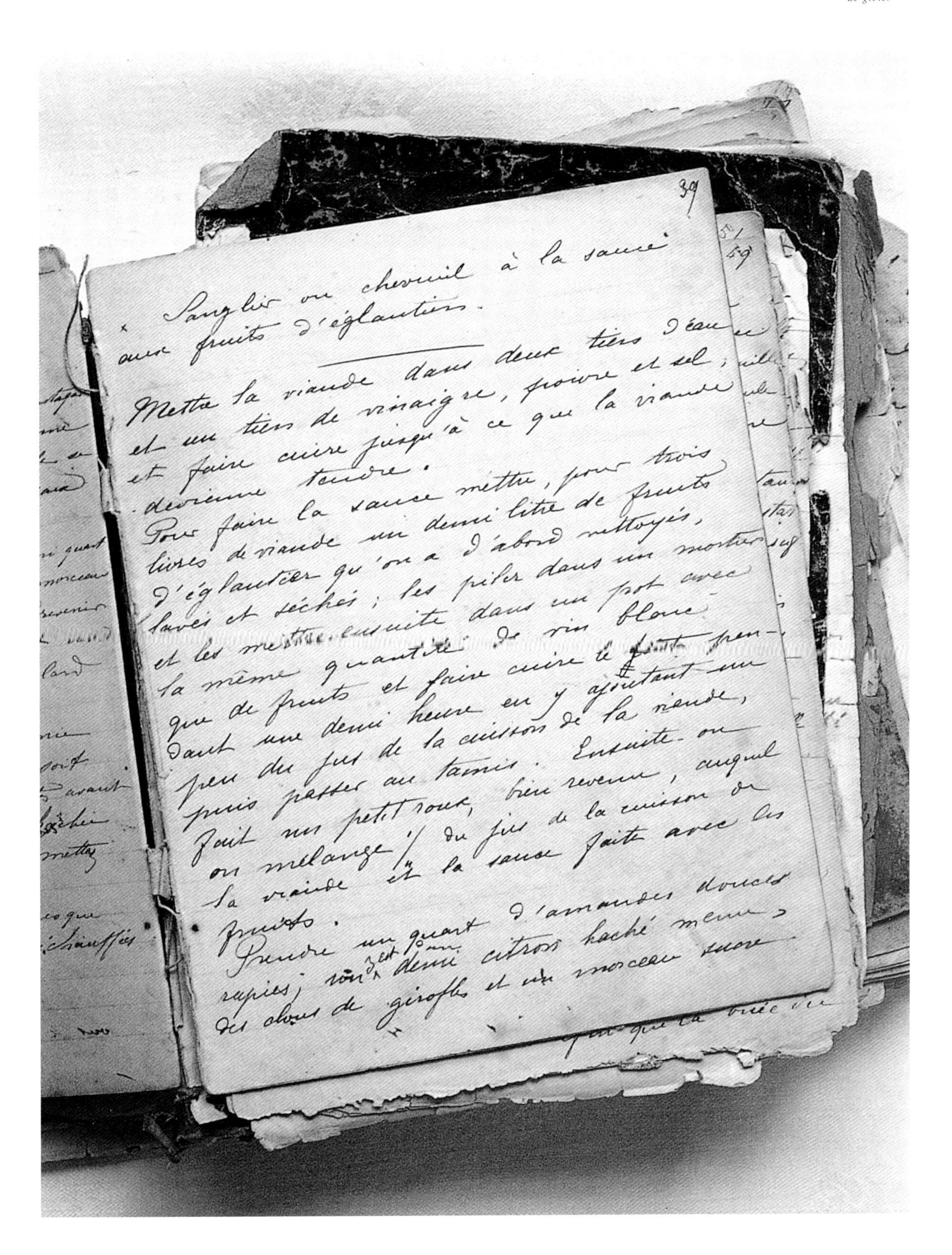

39

Sanglier ou chevreuil à la sauce
aux fruits d'églantiers.

Mettre la viande dans deux tiers d'eau
et un tiers de vinaigre, poivre et sel;
et faire cuire jusqu'à ce que la viande
devienne tendre.
Pour faire la sauce mettre, pour trois
livres de viande un demi litre de fruits
d'églantier qu'on a d'abord nettoyés,
lavés et séchés; les piler dans un mortier
et les mettre ensuite dans un pot avec
la même quantité de vin blanc
que de fruits et faire cuire le pen-
dant une demi heure en y ajoutant un
peu du jus de la cuisson de la viande,
puis passer au tamis. Ensuite on
fait un petit roux, bien revenu, auquel
on mélange 1/4 du jus de la cuisson de
la viande et la sauce faite avec les
fruits.
Prendre un quart d'amandes douces
rapées; un zeste d'un demi citron haché menu,
des clous de girofles et un morceau sucre

海鮮類
Les poissons

淡菜佐綠醬

多次以水將淡菜仔細洗淨，倒入鍋裡，並放入奶油、碎洋蔥、洋香菜、鹽、碎胡椒粒、西洋芹。大火快炒，不時翻拌。淡菜一熟立即起鍋，用漏勺撈起，保留湯汁備用。把香芹、酸模（別放太多）、洋香菜、龍蒿切末，放進鍋裡炒一下。倒入煮淡菜的湯汁與白酒。煮滾後，用少許玉米澱粉稍微勾芡，重新放入淡菜加熱。
做為一道較為講究雅致的前菜，可以先去掉淡菜的殼。

鰻魚佐塔塔醬

將準備好的鰻魚切段。用水、酒、紅蘿蔔、洋蔥、1把香料束、粗鹽以及胡椒粒煮好湯底，再將鰻魚放進去煮。
將鰻魚段裹上蛋汁、麵包粉，放進鄉村傳統的灶裡，用小火烤。
烤鰻魚的同時，製作塔塔醬。水煮蛋煮好以後，先取出蛋黃，過篩後磨一磨讓蛋黃質感更細，加入黃芥末醬。撒鹽、胡椒，一點一滴加入油，就像製作美乃滋一樣。接著再加入洋香菜末、龍蒿末、香芹末。最後放進幾顆酸豆，攪拌均勻。

對頁：
儘管海鮮類食材不易取得，我們仍然常在阿麗絲家裡看到魚、蝦蟹等料理。這一道是淡菜佐綠醬。

紅（白）酒燉鰻魚

將鰻魚剝皮，切段。洋蔥切薄片，用奶油炒香。接著放入鰻魚，加入干邑白蘭地，點火燒去酒精。接著倒入好酒，波爾多紅酒或是香檳皆可。將1把香料束和胡椒粒裝在濾包裡放進去煮。撒鹽。要細火慢燉，不能大火快煮，大約燉煮30分鐘。撈起鰻魚備用。取大量的奶油加一點麵粉揉成小球，一球一球放進煮鰻魚的醬汁裡，一邊慢慢攪拌，直到醬汁變得濃稠滑順。再把鰻魚放入鍋子裡，約等12分鐘後即可上桌。

居格萊烈比目魚

材料：一條足夠6個人吃的鮮美比目魚、220克番茄、洋蔥、紅蔥頭、洋香菜、百里香、月桂葉、白酒、奶油、魚高湯。
挑一個可以進烤箱的漂亮深盤，塗滿奶油之後，鋪上一層洋蔥薄片、壓碎且瀝掉多餘汁水的番茄、紅蔥頭薄片、1束洋香菜、百里香以及月桂葉，後面這兩種香料不要多，以免搶味。接著把魚放上面。撒鹽、胡椒。淋上白酒以及等量的魚高湯。用大火煮。湯汁開始滾時，蓋上一張抹了奶油的紙，放進烤箱用大火烤。大約20分鐘後，魚就熟了。從烤箱拿出來，一邊把湯汁倒入另一口鍋子，一邊過濾。奶油切小片，逐一溶入湯汁裡，並將之濃縮為醬汁。盛著比目魚與配料的盤子則放回烤箱裡保溫數分鐘，最後淋上醬汁即可。

諾曼第牛舌魚

將兩條漂亮的牛舌魚剝皮，取出內臟，清洗乾淨。用4大匙蘋果蒸餾酒、2杯水與等量的白酒、1支大蔥（只需蔥白部分）、1根漂亮的紅蘿蔔，與1顆切成圓片的大洋蔥、1整瓣蒜頭、1把香料束、少許粗鹽和一些胡椒粒來烹煮湯底。大約煮30分鐘，起鍋後過濾。
準備2打牡蠣。用牡蠣本身的水來煮，煮好之後保留湯汁，牡蠣保溫。準備3打蝦子，放到湯底裡煮熟，同樣保留湯汁，蝦子保溫。用一點白酒將1公斤的淡菜煮開，淡菜保溫，湯汁保留。將煮牡蠣的湯汁、煮蝦子的湯底、煮淡菜的湯汁混合，濃縮至一半。拿一只焗烤盆，裡面塗滿奶油，放進牛舌魚，淋上一些剛濃縮好的湯汁，蓋上一張塗了奶油的厚紙。進烤箱用大火烤約20分鐘。烤魚的同時，將奶油與少許麵粉混合，倒入1杯湯汁稀釋。稍微放涼之後，加入2顆蛋黃以及2大匙滿滿的鮮奶油，持續不斷拌打。放到爐子上用文火煮，一點一點加入蛋一般大小的細緻奶油，以及半顆檸檬的汁。調味，再拌打幾下。牡蠣、蝦子、淡菜放在牛舌魚周圍，淋上醬汁，刨幾片松露放到馬德拉酒裡煮軟，擺在魚上做為裝飾。

牛舌魚排佐維宏醬汁

牛舌魚醬汁材料：100克奶油、4顆蛋、2顆紅蔥頭、麵包粉、魚高湯、鮮奶油、香芹、白酒、酒醋、番茄糊、油、濃縮小牛高湯。
片下魚排，放進融化的奶油裡，在麵粉上滾一滾，再用小火烤。把魚排放在餐巾上，搭配維宏醬汁。
將魚高湯濃縮到剩下0.25公升。用2顆蛋黃、1顆大核桃般大小的奶油以及1大匙鮮奶油將高湯勾芡，靜置備用。
拿一口小鍋子，倒入1杯白酒、1杯酒醋、龍蒿末與香芹末各1小匙，以及切碎的紅蔥頭。撒鹽調味。濃縮到剩一半。用濾布過濾醬汁，再放回爐子上用小火加熱。用打蛋器將滿滿1杯油、1大匙濃縮小牛高湯打一打。最後倒入醬汁裡。可根據個人喜好加入卡宴胡椒提味。

佛羅倫斯牛舌魚排

片下魚排。放到湯底裡煮。把一個拳頭份量的菠菜川燙之後，瀝掉水份並擠乾。鋪在塗上奶油的盤子裡，再放上魚排。淋上厚厚一層貝夏梅爾醬汁（sauce béchamel），撒上格律耶爾乳酪絲，放進烤箱烤。趁著還很燙的時候吃，不然醬汁的味道會走調。
（譯註：貝夏梅爾醬汁是用約1：1的奶油與麵粉炒成麵糊之後，再加入牛奶的一種醬汁。）

歐荷里牛舌魚排

剝掉牛舌魚的皮，片下魚排。將油、檸檬汁、洋香菜末及切成圓片的洋蔥的混合，把魚排放進去醃漬。調味。之後將魚排取出瀝乾，裹上麵粉之後油炸。
亦可用同樣的方式料理牙鱈。

美式鮟鱇魚

4 人份所需材料：每人一份優質的切片鮟鱇魚、油、干白酒、馬德拉酒、1 把香料束、一些紅蔥頭、番茄糊以及紅椒粉。
擦乾魚肉，裹上麵粉。用 1 杯油，開大火熱油快速煎過。煎的同時加入切碎的紅蔥頭、香料束、1~2 小匙紅椒粉（這道菜的味道要夠重）以及白酒。調味。用文火煮 15 分鐘。取少許湯汁與番茄糊調勻，和馬德拉酒一起倒入鍋裡。再煮 5 分鐘後起鍋。在魚周圍添上米飯，全部淋滿醬汁。
也可以在一開始把魚煎上色時，淋上 1 烈酒杯的干邑白蘭地或是阿爾瑪尼亞克烈酒（Cognac ou Armagnac）然後點火燒去酒精，如此將可增添醬汁的風味。

白斑狗魚佐白奶油醬汁

用洋蔥、切成圓片的紅蘿蔔、1 杯白酒兌 1 公升的水以及 1 把香料束來煮湯底。撒鹽調味。煮湯底時不要蓋鍋蓋，保持微滾狀態煮 30 分鐘。放涼。把魚洗淨去除內臟（不要刮鱗），放入冷卻的湯底裡。把魚放進長形魚用鍋時，湯底要足以完全淹過魚。加熱煮滾後，把鍋子移到爐子一角火溫較低處，讓湯汁保持在微滾狀態即可；大火可能會使魚解體。根據魚的重量調整烹煮時間，每 450 克重烹煮時間約 12 分鐘。
當魚快熟時，製作白奶油醬汁。若魚有 1.4 公斤重，則在鍋裡放入 200 克左右的奶、2 顆切成末的紅蔥頭、1 小匙酒醋、鹽與胡椒。用文火煮，一邊攪拌直到奶油融化（不可煮滾），再倒入燙過的醬料杯裡。上桌時，將白斑狗魚放在對折的布上。

魚片佐克里奧爾醬汁

6 人份：6 片鱈魚，其他的魚也可以，100 克奶油、1 公斤米、番茄糊、1 顆蛋、1 根辣椒、香料束、1 顆檸檬。

把魚片浸到混合了檸檬汁的鹽水裡。拿只平底鍋，融化奶油後，放入魚片，注入熱水與魚片同高，再放入辣椒、香料束，調味後用文火煮 15 分鐘。起鍋取出魚片。舀少許湯汁與番茄糊調勻，接著倒入鍋裡濃縮。等到另一邊米快熟時，在醬汁裡加入 1 顆蛋黃勾芡。洗米，讓米像雨一樣落入裝滿沸騰鹽水的鍋子裡。攪拌。大約煮 15~20 分鐘。接著過篩，把煮過的米放到流動的冷水下沖一沖，瀝乾水份。放進烤箱用大火烤，烤的過程中要不時攪拌避免米粒黏在一起。

擺盤，將魚片置於中央，米飯圍繞在一旁，全部淋上醬汁。

烤扇貝

把扇貝放在炭火上烤一下，殼打開後取出貝肉。去除黑色內臟部分，肉洗淨與蝦夷蔥、洋香菜一起切碎。調味。扇貝殼洗乾淨之後，放上扇貝餡並撒上細麵包粉。淋上融化的奶油之後，進烤箱烤。

佛羅倫斯焗烤扇貝

打開扇貝，把肉與紅色斧足部位放到白酒裡煮。菠菜切末用奶油炒過，填入扇貝殼裡，每個殼中放上一塊肉與紅色斧足。再淋上貝夏梅爾醬汁，撒上格律耶爾乳酪絲。用小火焗烤至表面金黃即可食用。

荷比風味鯖魚排

把鯖魚處理好，片下魚排。注意去掉魚皮時不要破壞魚肉。將魚排沾裹上蛋汁，放到熱奶油裡炸。這道菜搭配的是招牌醬汁（sauce maître d'hôtel）。開小火，鍋裡放點奶油與麵粉，加入洋香菜末、蝦夷蔥末，半杯水、鹽、胡椒以及一小撮現磨肉豆蔻。攪拌直到醬汁混合均勻，最後再加入酸葡萄汁或檸檬汁。

鹽水煮魚

鹽水亦稱為「好水」，許多魚的料理都會用到。只需準備一口足以料理魚的大鍋，注入足量的水。原則上 1 公升的水需加入 1 大匙的粗鹽。當水微滾時，把魚放進去，用文火煮至熟。烹煮時間根據魚的大小調整。狼鱸、比目魚、大比目魚等，都很適合這樣的煮法。

蝦蟹煮法

在水裡加入海鹽，少許胡椒粒、洋香菜、百里香與月桂葉。水滾後放入這些甲殼類食材，蝦子約煮 2~4 分鐘，螃蟹則 5~15 分鐘，端看食材份量調整。稍微放涼再食用。

炸鱈魚丸子

材料：450 克鹽漬鱈魚、5 顆馬鈴薯、牛奶、麵粉、奶油、2 顆蛋。

把鱈魚放在漏勺裡，魚皮面朝上，浸入水中以降低其鹽份。在浸泡的 24 小時裡要更換數次的水。把鱈魚放在水裡或牛奶裡煮熟。當水面微微冒泡時，把鍋子移到爐子一角溫度較低處，微滾煮 15 分鐘。水煮馬鈴薯至熟，壓碎過篩。將煮熟還熱的鱈魚壓碎。

用 40 克麵粉、40 克奶油以及半杯熱牛奶製作貝夏梅爾醬汁。將馬鈴薯泥、鱈魚泥倒入濃稠的醬汁裡。再加入蛋汁。搓成丸狀後，在麵粉裡滾一滾，放進高溫炸鍋油炸直到上色。起鍋即趁熱食用。

次跨頁：
廚房裡，爐子一角，我們待會要把白斑狗魚放到湯底裡，以文火烹煮。

鱈魚濃湯（塞尚）

挑一片漂亮的鹽漬鱈魚以及 6 顆馬鈴薯、橄欖油、4 支大蔥、胡椒、丁香花蕾、2 瓣蒜頭、洋香菜、番紅花、月桂葉、麵粉。

把鱈魚浸到水裡去鹹；接著油炸，但是不要炸到酥脆。切片的馬鈴薯炸到八分熟。倒點橄欖油在鍋裡，切好的細蔥段放下去炒。炒的同時，另外拿一口鍋子，混合胡椒、丁香花蕾、蒜頭以及洋香菜末、番紅花、1 片月桂葉，並將麵粉烤到上色。這些步驟都要慢慢來。根據人數倒入相同杯數的熱水，大約滾個 10~15 分鐘之後，放入鱈魚以及馬鈴薯。煮約 15 分鐘，倒進炒好的蔥段。這道濃湯要用鑄鐵鍋煮，且要用大火。

烤模底部、周圍鋪上派皮壓緊，放上一層肉餡、一層鴨肉條和小牛肉條，如此交替擺放完畢。接著疊上薄片肥肉。再蓋上一層派皮，中間要挖個洞，然後從洞中淋入一些肉汁。進烤箱用大火烤 3 小時。放涼後再吃。

布列塔尼魚湯

6 人份。

拿一口鍋子，融化大核桃般大小的奶油，切碎 2 顆洋蔥放進去炒。炒到上色時，倒入 2 公升熱水。調味。加入 1 把香料束、2 瓣蒜頭、450 克肉質緊實切成滾刀塊的馬鈴薯。水滾之後，讓它繼續咕嚕咕嚕煮個 20 分鐘。

把魚切段（牙鱈、鯖魚切段，沙丁魚整尾保留），放入鍋子裡。繼續煮 15 分鐘。注意魚的熟度，不要煮得骨肉分離。

上桌時把魚和馬鈴薯盛在深盤，湯則另外用碗盛裝。準備一些麵包薄片放在盤子裡。亦可加入蝦蟹、淡菜或是其他種類的魚，比如海鰻，或只放魚頭也可以。

雜魚濃湯

用一個半小時的時間，以大量的水把大蔥、紅蘿蔔和洋蔥煮熟。調味。加入各種切段的魚。煮約 20 分鐘之後，把魚撈出。挑出外型比較完整好看的魚塊，保溫備用。剩下的魚用杵搗一搗。用一些蛋黃勾芡魚湯，連同搗碎的魚一起過篩。上桌時再將魚塊放回濃湯裡，搭配油炸脆麵包丁一起吃。

牡蠣湯

3 打牡蠣，用牡蠣本身的水混合一點清水煮熟。先替每個人都預留一顆牡蠣。剩下的牡蠣取出切碎，再放入已經用濾布過濾好的煮牡蠣水。加入一點湯底或是雞高湯稀釋。再倒入 1 杯馬德拉酒，放入幾粒胡椒粒。不蓋鍋蓋稍微將牡蠣湯濃縮一下。盛在深盤，每一盤裡都放入一顆完整的牡蠣。

生蠔佐香腸

大啖生蠔的時候，搭配烤得香味四溢熱呼呼的小香腸一起吃。兩種東西同時品嘗，享受冷與熱帶來的美味對比。

美式龍蝦

4 人份：準備 1 隻漂亮有大螯，約 1 公斤重的龍蝦，要活跳跳的那種。干邑白蘭地、干白酒、3 顆核桃大小的奶油、橄欖油、番茄、洋蔥、紅蔥頭、蒜頭、卡宴胡椒（不用太多，但是一定要有）。

用剁刀把龍蝦切段，取下螯。把蝦頭剝離，並拿個容器盛接滴下來的液體。接著蝦頭對切，蝦尾切數段。挑出蝦腸。蝦膏與內臟放在一旁備用。鍋裡放入橄欖油，熱鍋後大火迅速將龍蝦煎過。撒鹽、胡椒。約 5 分鐘後，取出龍蝦，把油倒掉，換成奶油。熱鍋。1 顆洋蔥切末，3 顆紅蔥頭切末，1 瓣蒜頭壓碎放入，把龍蝦再放回鍋裡。倒入 1 馬德拉酒杯的干邑白蘭地，點火，再倒入 2 杯干白酒，1 撮鹽、1 撮胡椒與 1 刀尖的卡宴胡椒。第一次開始冒出小泡泡沸騰時就蓋上鍋蓋，燉煮 12 分鐘。取出龍蝦，保溫。濃縮湯汁，並加入一開始保留的龍蝦液體、蝦膏，以及壓碎或是已經過篩的內臟。取點麵粉混合 1 核桃大小的奶油加入，不停攪拌，滾兩次再熄火。離火後，把 1 核桃大小的奶油切成小薄片，一一加入醬汁裡使之更為濃稠。最後把醬汁淋在龍蝦上，立即食用。

道格拉斯龍蝦

4 人份：1 隻漂亮活跳的龍蝦，約 1 公斤重。洋蔥、紅蘿蔔、丁香花蕾、百里香、月桂葉、350 克奶油、琴酒、300 克鮮奶油。

用 2 公升水、2 顆插有丁香花蕾的洋蔥、5 顆胡椒粒、1 根大小適中的紅蘿蔔、1 大匙滿滿的粗鹽、百里香與月桂葉煮成湯底。把活龍蝦放進沸騰的湯底裡。蓋上鍋蓋，煮大概 15 分鐘。龍蝦留在湯底裡慢慢冷卻。等到龍蝦整隻都冷卻了，小心地分離殼肉。把蝦殼、蝦膏與 300 克的奶油放在研缽裡，用杵搗碎。拿一口鍋子倒入 2 公升的冷水，混合方才搗碎的食材，用文火煮。煮滾之後，把鍋子移到爐子一角，續煮 15 分鐘。接著把鍋子放到陰涼處，越冷越好，讓龍蝦油脂可以快點浮上表面。用撈浮末的平匙撈起油脂，倒入另一個漏勺裡。

取小雞蛋大小的龍蝦油脂放到炒鍋裡，熱鍋，加點密爾普瓦調味用蔬菜香料（Mirepoix，即把紅蘿蔔、洋蔥切得細碎，可再添百里香與月桂葉），煮約 15 分鐘。接著將龍蝦切成厚薄一致的圓片，放在密爾普瓦調味用蔬菜香料上。最好用鹽與卡宴胡椒調味。把龍蝦翻面，淋上滿滿一杯的琴酒，點火燒去酒精，再一邊攪拌一邊倒入鮮奶油。持續攪拌、加熱，直到醬汁整個濃稠凝固。為了保險起見，可用剩下的奶油調點麵粉來勾芡。上桌時，將醬汁淋滿龍蝦。也可以加點巴黎蘑菇或是松露薄片。

紐堡龍蝦

2 隻各 450 克的小龍蝦、1 顆小雞蛋般的奶油、1 杯馬德拉酒、1 碗鮮奶油、4 顆蛋。

小龍蝦放到湯底裡煮 5 分鐘。去殼之後，將龍蝦肉切成薄片，並取出龍蝦螯裡的肉。拿一只炒鍋，融化奶油，放入龍蝦薄片，調味。小火加熱，每一面煎 5 分鐘。倒入馬德拉酒。蓋上鍋蓋，悶煮約 15 分鐘。在鮮奶油裡加入 4 顆蛋黃拌打，接著倒入鍋裡，攪拌直到醬汁變得濃稠。

對頁：
食譜手札其中一頁：鱈魚濃湯。

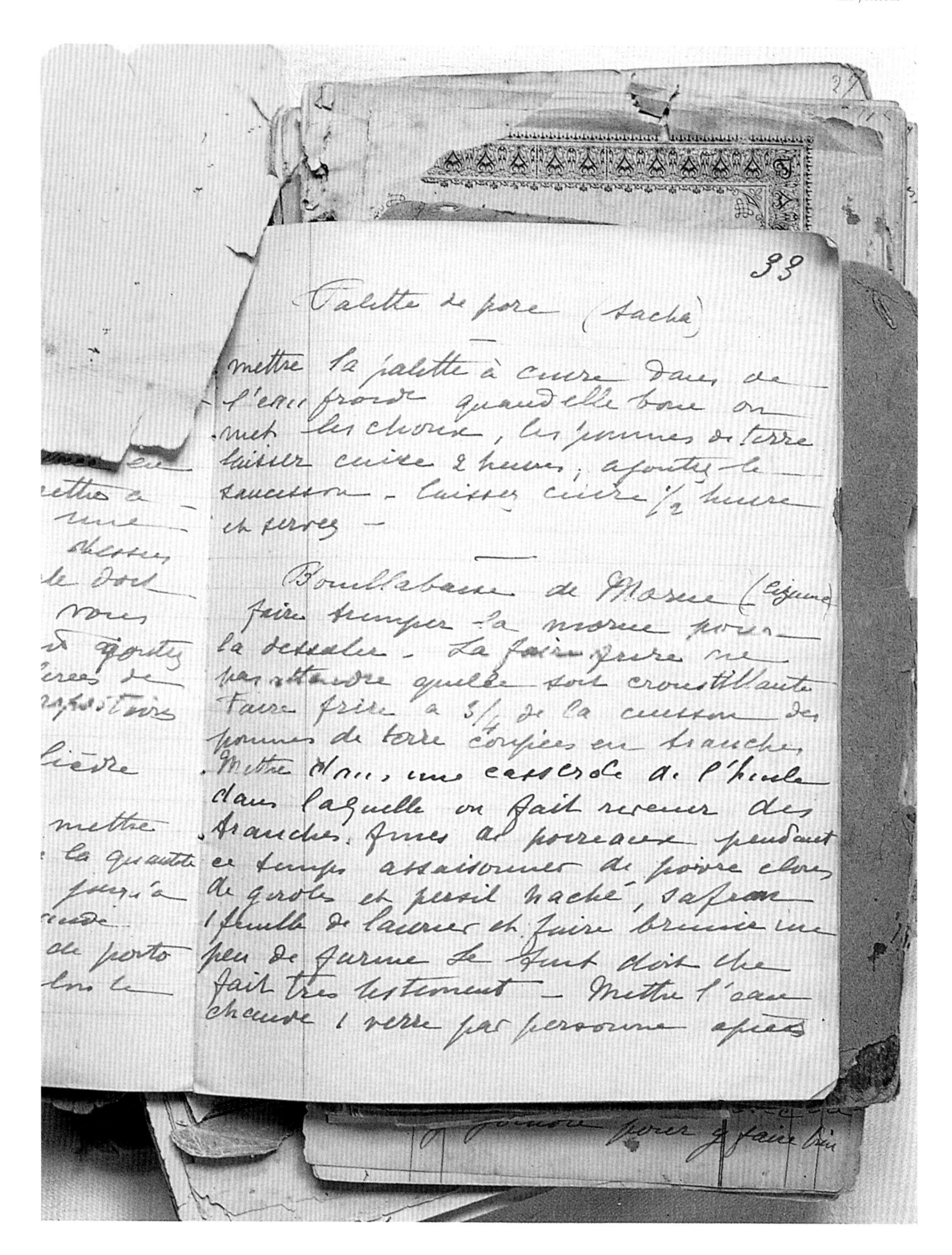

33

Palette de porc (Sacha)

mettre la palette à cuire dans de l'eau froide quand elle bout on met les choux, les pommes de terre laisser cuire 2 heures, ajoutez le saucisson – laissez cuire ½ heure et servez –

Bouillabaisse de Morue ([illegible])

faire tremper la morue pour la dessaler. La faire frire ne pas attendre qu'elle soit croustillante Faire frire à 3/4 de la cuisson des pommes de terre coupées en tranches, Mettre dans une casserole de l'huile dans laquelle on fait revenir des tranches fines de poireaux pendant ce temps assaisonner de poivre clous de girofle et persil haché, safran 1 feuille de laurier et faire brunir un peu de farine Le tout doit être fait très lestement – Mettre l'eau chaude 1 verre par personne après

甜點
Les desserts

雙綠蛋糕（*Vert-vert*）

蛋糕材料：4 顆蛋、150 克糖、125 克麵粉、60 克奶油、半顆檸檬、50 克開心果、4 大匙櫻桃白蘭地。

準備菠菜綠醬：3 個手掌量的菠菜，滾水川燙約 1 分鐘。用濾布壓擠出綠醬，等一下製作開心果奶油霜及翻糖時會用到。

開心果奶油霜所需材料：100 克去殼開心果、2 大匙櫻桃白蘭地、50 克奶油、2 小匙菠菜綠醬、100 克糖、2 顆蛋、2 顆蛋黃、2 小匙麵粉、1 杯牛奶。

翻糖材料：600 克糖、2 大匙葡萄糖漿、1 顆檸檬。

製作蛋糕：拿一口鍋子，開小火，打入蛋，加入糖，用打蛋器慢慢打發至兩倍大體積，麵粉過篩倒入，並加入壓碎的開心果、櫻桃白蘭地、放軟的奶油，可以的話，拿那半顆檸檬刨一些檸檬皮放進去。

用木匙仔細拌勻所有材料，接著放進烤箱用極小火烤 30 分鐘。確認蛋糕熟度，從烤箱拿出蛋糕，倒扣蛋糕，靜置放涼。

製作開心果奶油霜：用開心果、櫻桃白蘭地以及軟化的奶油做出開心果糊，並加入菠菜綠醬調色。另外拿一個容器，倒入 100 克的糖、2 顆蛋以及 2 顆蛋黃，不斷攪拌並加入麵粉與牛奶。把上述混合物加熱，倒入做好的開心果糊，攪拌，再加入 500 克軟化的奶油使之濃稠細緻。

製作翻糖：拿一口鍋子，放入糖及兩杯水，火要開夠大。煮的時候時不時確認稠度，因為我們要的是「一大片」糖漿，亦即煮出厚厚的一片糖，當糖煮到快熟時，加入葡萄糖漿以及少許菠菜綠醬。

拿一片大理石板，稍微抹上一點油，把翻糖倒上去，用木匙推平，淋上檸檬汁。蓋上一層濕布，放到冰箱裡備用。

蛋糕橫切成三等份，抹上開心果奶油霜，再把蛋糕組合起來，放到冰箱裡。最後再用做好的翻糖包覆蛋糕。

炸泡芙或修女放屁（梅蘭妮）

拿一口鍋子倒入 1 杯牛奶、1 撮鹽、1 撮糖、100 克奶油、1 匙蒸餾酒。牛奶剛開始滾時，一口氣倒入 1 杯麵粉，站在爐邊用木匙攪拌，直到麵團光滑且不會黏在木匙上。起鍋放在爐邊，依序打入 4 顆蛋。攪拌混合均勻。

和出柔軟不黏手的麵團之後，靜置 1 小時。把一個個小麵團放入炸鍋裡，油溫不要太高，當麵團漸漸膨脹，再提高油溫。當麵團變成一個個胖嘟嘟的小泡芙時，起鍋，放到餐巾紙上吸油，最後撒上糖粉。

對頁：
瑪格麗特拿手的甜點之一就是雙綠蛋糕。

摩卡蛋糕

混合 6 顆蛋黃、150 克麵粉、200 克糖、220 克奶油以及味道夠厚重的咖啡。當麵糊達一定稠度就不要再加咖啡了。放到烤箱裡用小火烤。

香草布蕾

1 公升牛奶、200 克糖以及 1 支香草豆莢裡的香草籽一起煮滾。離火後，加入 6 顆蛋黃以及 2 顆蛋的蛋汁。用打蛋器打。以細目漏勺或是篩子過濾。倒入深盤，放進烤箱，用上火以水浴法烘烤。

奶油炸麵餅

把 5 大匙麵粉和 1 杯煮滾的牛奶混合。放涼。打 4 顆蛋混入麵糊裡，並加入 2 大匙糖。烤約 30 分鐘至熟。將之倒在大理石料理台上，攤成約 1 根指頭厚度的麵餅。分別切成菱形、圓形、長方形。把 1 顆蛋白打散，麵團沾過蛋白後再裹上麵包粉。放到奶油裡炸。

巧克力布蕾

在鍋裡放點牛奶，用小火融化 250 克巧克力碎片。攪拌，並加入 1 公升冷牛奶，牛奶要預先混入 100 克糖。放涼之後加入 5 顆蛋黃與 1 顆打散的蛋。用紗布或是細目漏勺過濾。倒進小烤模裡，隔水用中火烤。

茶香布蕾

取 6 甜點匙的錫蘭紅茶與 6 甜點匙綠茶、250 克的糖，放入 1 公升煮滾的牛奶裡。一邊攪拌使糖溶解，放涼，不要蓋上蓋子。當牛奶幾乎都冷卻了之後，加入打散的 6 顆蛋黃。用打蛋器打過，再過篩。放進烤箱，用上火以水浴法烘烤。

豪華布蕾

在鍋裡放一點點水，小火，將 3 塊各 250 克的殖民地巧克力（chocolat colonial）融化。當巧克力變得如奶油般濃稠時，起鍋。離火以後，加入 100 克切成小塊的細緻奶油。當奶油與巧克力完美融合時，拿一只盆子打入 3 顆蛋黃，再徐徐將蛋黃液倒入奶油巧克力裡，用木匙攪拌，直到呈現均勻的膏狀。倒入甜點杯裡。
這道甜點要提前 24 小時製作，讓它有足夠的時間凝固。冷藏大概可以維持 2~3 天不會壞。

焦糖布蕾

拿一口鍋子，放入250克的鮮奶油，隔水加熱直到變成液狀。但注意不可煮滾。
6顆蛋黃加2大匙糖，用打蛋器打到呈現慕斯狀。將之加入融化的鮮奶油裡，倒入焗烤模裡，約2指厚。隔水用大火烤。
布蕾烤好時，取出放在陰涼處使之冷卻。之後在表面均勻撒上一層紅糖，拿一支刮平刀將金屬部分燒到燙紅，刮過紅糖表面讓它變焦糖。冷藏後再吃。

倒扣布蕾

材料：1公升牛奶、250克細白砂糖、6顆蛋、1支香草豆莢。
牛奶加200克糖煮滾。放涼之後加入蛋液。用剩下的糖加一點點水煮焦糖；當糖的顏色漸漸轉為金黃時，舀起焦糖塗在整個模子內部，放涼之後，倒入牛奶蛋黃汁液。放進烤箱用上下火以水浴法烘烤。烤好之後靜置等它冷卻。當布蕾成型，倒扣到盤子上。

米布丁的奶油佐醬

3大匙奶油加上3大匙糖，用小火融化。再加入2顆打散的蛋黃，一邊攪拌使之變得細緻輕盈。接著加入2大匙熱水並用打蛋器不停拌打。把鍋子放到裝有熱水的大鍋，繼續拌打並加入半顆檸檬汁以及1杯雪莉酒。

薩巴雍

材料：4顆蛋、150克糖、白酒、蘭姆酒或櫻桃白蘭地。
拿一口深一點的鍋子，放入4顆蛋黃與150克糖，用小打蛋器拌打。打到發白時，倒入1杯上好白酒。接著，一邊隔水加熱，一邊使盡全力拌打，直到醬汁呈現慕斯狀。裝著水的外鍋水開始滾時停止拌打。加入蘭姆酒或櫻桃白蘭地，然後馬上食用，因為這種醬汁的慕斯質感很快就會消失。如果不得已得提前製作薩巴雍的話，建議加一小撮玉米澱粉跟糖，這樣口感可以維持比較久。

杏桃舒芙蕾

將 8 顆蛋白打到硬性發泡。小心將之與 1 罐杏桃果醬混合。倒入一只已經塗有奶油的焗烤盆裡，用極小的火烤一小時半。這道甜點完全要看火候是否掌握得宜，若是火大太則無法膨起。

栗子舒芙蕾

將 450 克去膜的栗子煮熟，放到研缽裡，和 1 杯加了糖與香草的熱牛奶搗一搗。栗子泥做好之後，加入 3 顆蛋黃，再與打到硬性發泡的蛋白混合。拌勻的過程要輕。倒入一只塗了奶油的烤盤，放進傳統灶裡約 30~40 分鐘讓它慢慢膨起，下火要小，上火要大。

桃子脆烤麵包

將烤盤抹上大量奶油，放上一片片麵包。每片麵包上都放半顆桃子，挖掉核的那一面朝上。在挖去核的小凹洞上填上 1 小甜點匙的糖以及榛果大小的奶油。進烤箱用小火烤。當桃子烤得熟透後，取出放涼。可以溫溫的吃或是整個涼透再吃。

蛋捲舒芙蕾

6 顆蛋黃和 6 大匙糖以及少許切得極細的檸檬皮一起打。蛋白打到硬性發泡。當蛋白整個打發時，加入 1 大匙糖。
輕輕混合蛋黃與蛋白。拿一只焗烤盆，在裡面融化一些奶油，倒入混好的材料，撒上糖，進傳統灶裡烤 6~8 分鐘。烤好馬上吃，蛋捲舒芙蕾塌得很快。

巧克力磚

6 人份。
準備 125 克的手指餅乾。餅乾縱切為 2 份。用少許的水融化 250 克的巧克力，火要極小。當巧克力變得滑順均勻像一片巧克力漿時，加入 250 克奶油。充分混勻。加入 1 顆打散的蛋，攪拌。
趁著巧克力奶油醬還軟軟微溫時，先抹在一半餅乾上，再抹上另一半。拿一個盤子，先排上 3 片餅乾，餅乾之間不要有縫隙，抹上一層巧克力奶油醬；再換個方向，拿 3 片餅乾如法炮製，這樣依序把餅乾、巧克力奶油醬層層疊疊排好。在這過程中，巧克力奶油醬必須保持在同樣的稠度，所以要隔熱水保溫著。
最後在表面淋上巧克力奶油醬，並用刀子將表面抹平。冷藏。

巧克力蛋糕

拿 2 顆蛋秤重。蛋、奶油、巧克力、細白砂糖的重量要相同。用小火，加點水融化巧克力。離火之後，拌入奶油，攪拌直到奶油完全融化。放涼。加入 2 顆蛋黃、糖，以及滿滿 1 大匙麵粉，一樣繼續攪拌。蛋白打到硬性發泡之後也加進來。全部材料混勻後，倒入已塗上奶油的模子裡，用小火烤 20 分鐘。

海綿蛋糕

250 克麵粉、100 克糖、125 克奶油、2 顆蛋黃、1 大匙蘭姆酒。

拿一口鍋子將蛋黃與糖打一打。加入 3/4 的麵粉，攪拌。接著把剩下的麵粉一點一點加進去，並倒入蘭姆酒。將中空烤模內部塗上奶油，倒入麵糊。用中火烤 20 分鐘。

蛋糕捲

材料：100克麵粉、100克糖、4顆蛋、1罐杏桃果醬、蘭姆酒。把100克的糖與蛋黃混合，用打蛋器打約12分鐘。一點一點加入麵粉，並加入1大匙蘭姆酒。將蛋白打到硬性發泡後，小心地加進去。拿一張紙抹上奶油，鋪在烤盤上，麵糊倒上去。用小火慢慢烤到蛋糕表面變成漂亮的金黃色。在大理石平台上放一塊乾淨的布，撕掉烤紙，把烤好的蛋糕放在布上面，在蛋糕表面塗上滿滿的杏桃果醬。趁熱的時候捲起來，靜置放涼。

用100克的糖和1杯水製作焦糖醬，淋在蛋糕捲上成為糖面。

磅蛋糕

拿5顆蛋秤重。蛋、奶油、糖、麵粉的重量要相同。奶油放到鍋子裡，在爐子一角用低溫慢慢煮，呈現膏狀時馬上離火。蛋黃加糖一起打，並加入少許切得極細的檸檬皮。打到發白時，加入膏狀奶油。接著一點一點把麵粉加進去。麵糊混合均勻後，再加入打好的蛋白，不可用力攪拌，而是將麵糊整個舀起，拌入。拿一個夠大的烤模，要考慮蛋糕膨起的體積，內部塗上奶油，倒入麵糊，進烤箱，用中火烤1小時。

千層餅（梅蘭妮）

把250克的麵粉中間挖洞讓它像一座噴泉。中間加入一點溫水與少許鹽。一點一點和成一個圓形的麵團。靜置30分鐘。接著，拿125克的奶油，盡速讓它軟化與125克的奶油乳酪混勻。將方才的麵團擀開成長方形，混好的奶油與奶油乳酪放在中間，接著將四角的麵皮往內折。擀幾次之後，再把麵皮折三折。然後重複一次剛才的步驟，擀開再將之折三折。靜置15分鐘。這樣重複8次，每一次有6折。刷上一層蛋汁，擀開成圓形。麵皮不可太厚，頂多1根手指般厚。用大火烤半小時。

烤餅

材料：220克麵粉、10克細鹽、1顆蛋、250克奶油、少許牛奶。

把所有材料混合，揉成一團有點軟的麵團。如果太硬可以加點溫水。

在桌上撒點麵粉，擀開麵團，對折，靜置15分鐘。如此重複3次。把麵團鋪在圓形模子裡，不超過1根手指的厚度。在上面壓印菱形圖案，刷上一層蛋汁，用中火烤30分鐘。

夏洛特杏桃蛋糕

在烤模底部與壁面鋪上浸過櫻桃白蘭地的手指餅乾，餅乾之間的縫隙則用碎餅乾填滿。接著抹上一層杏桃果醬，再換個方向鋪上一層手指餅乾。重複這兩個步驟直到用完所有餅乾。放上一個比烤模小的蓋子，上面再用重物壓著。冷藏。

可搭配英式香草奶油醬一起吃。

栗子蛋糕

準備 1.4 公斤栗子、1 公升牛奶、200 克奶油、200 克糖、6 顆蛋、香草。

牛奶加糖、香草一起煮滾，接著將剝好的栗子放進去煮。煮熟之後，壓成泥鍋篩，再把奶油加進栗子泥裡。在栗子泥微溫時，依次加入蛋黃，每加一顆就先攪拌均勻再加下一顆。蛋白打發之後亦加入其中。倒入夏洛特蛋糕模，隔水用小火烤 30 分鐘。冷藏再吃。

薩瓦餅

6 人份：100 克細白砂糖、100 克麵粉、1 核桃大的奶油。把蛋黃和糖一起打到發白，一點一點加入麵粉，以及打到硬性發泡的蛋白。拿一個深一點的烤模，內壁塗上奶油，倒入麵糊。進烤箱用小火烤大約 50 分鐘。

耶誕布丁（來自祖母）

材料：500 克牛腎的油脂、225 克麵粉、12 顆蛋、250 克的馬拉加（Malaga）葡萄乾、250 克的克林特（Corinthe）葡萄乾、1 顆檸檬、鹽，80 克細白砂糖、3 小杯蒸餾酒、1 杯牛奶、麵包屑。

拿一口大湯鍋，放入牛腎脂肪，打入蛋，加入葡萄乾與細白砂糖、切成末的檸檬皮，最後淋上 3 小杯蒸餾酒。混合所有材料，加入牛奶以及足量細碎麵包屑，麵團應輕盈柔軟，同時又有一點稠度，稱不上札實。

取一塊薄布，塗上奶油並撒點麵粉，倒入麵團，包起來讓它成為圓形。把布的四個角拉到中間綁緊，但要預留待會烤熟膨脹的空間。麵團放到裝滿滾水的大鍋裡。大約要煮至少 5~6 小時，且要不時小心地翻動。鍋蓋只要蓋一半即可，煮的時候要視情況持續加入滾水，讓鍋子裡的水量始終保持一致。煮熟後，取出瀝乾，倒在盤子裡，取下薄布。上桌時，要在盤子裡倒入 1 杯蘭姆酒，點火燒去酒精，搭配醬汁一起吃。

搭配布丁的醬汁

將150克細緻奶油、2顆蛋黃、3匙細白砂糖、1小杯蘭姆酒放在鍋裡混合。接著放在裝滿滾水的大鍋裡，持續攪拌直到醬汁變得濃稠。趁熱端上桌搭配布丁食用。

奶油蘋果

蘋果削皮、去核。把有點乾不那麼新鮮的麵包切成與蘋果同樣大小。拿一個可以進烤箱的盤子，盤裡塗上奶油，把麵包片排進盤子裡，上面放蘋果。在每顆蘋果中間的洞都放入少許奶油。放進烤箱用大火烤。當奶油融化時，撒上糖。等到糖也溶解了，就舀起奶油糖汁淋在蘋果上。上桌時，在每顆蘋果中間的洞填上醋栗果醬。

達旦翻轉蘋果塔

材料：250克麵粉、250克奶油、1顆蛋黃、1小撮鹽、6顆流浪小皇后蘋果、5大匙細白砂糖。

塔皮：220克奶油切成小塊。將250克麵粉中間挖洞讓它像一座噴泉，中間放入糖、鹽、蛋黃以及半杯溫水，和成麵團之後再加入奶油。擀開，靜置1小時，再擀開，反覆直到擀出一張約半根手指厚的塔皮。

蘋果削皮切塊，與切塊的奶油、細白砂糖一起放入一個夠深的烤模裡，蓋上塔皮。用大火烤45分鐘，上桌之前再把蘋果塔翻轉倒扣在盤子上。

蘋果蛋糕

取450克糖，加一點點水煮成有點稠的糖漿。蘋果削成薄片之後倒入糖漿裡，並加入1片檸檬皮。煮到呈現濃稠透明狀。烤模內抹上奶油，倒入蘋果餡，每一層蘋果餡之間夾入一層醋栗果凍，淋上一點蘭姆酒。檸檬皮要先取出。隔水烤15分鐘。待冷卻之後，脫模。

火焰蘋果

蘋果削皮去核，放到糖水裡煮，但必須維持在脆的狀態。將蘋果裝盤，中間的洞填滿覆盆子果凍或是醋栗果凍。將鍋子裡的糖水濃縮直到變成濃稠糖漿，淋在蘋果上。接著澆上干邑白蘭地，點火。

蘋果薯條

將削了皮的蘋果切片。放入混合了蒸餾酒與細白砂糖的液體裡浸漬數小時。瀝乾之後裹上麵粉，用奶油炸成漂亮的顏色即可。

開心果刺蘋果

挑 6 顆漂亮的蘋果，削去皮。並製作香草糖漿。煮好蘋果。擺在高腳盤上，等它冷卻。把糖漿濃縮得更為濃稠，淋在插滿了開心果的蘋果上，開心果的膜要整個剝掉。

蘋果甜甜圈

將 1 罐蘋果泥倒在可放進烤箱烤的盤子上，尖尖的蘋果泥就像金字塔一般。再用打到硬性發泡的蛋白蓋在蘋果泥上，撒上 2 匙糖，用少許檸檬皮增添香味。放入烤箱，用極小的火烤成蛋白霜。趁熱吃。
把李子乾藏在蘋果泥裡也非常好吃。

蛋白霜蘋果

250 克的麵粉中間挖洞做成一口井，放進 2 顆蛋黃、1 大匙蒸餾酒、一點點鹽。慢慢混合，並加入一點牛奶，直到和出柔軟光滑、厚度適中的麵團。靜置。6 顆流浪小皇后蘋果削皮切片，放到麵團裡，油炸。沾糖吃。

布達魯桃子派

6 人份：6 顆漂亮的桃子、400 克冰糖、1 支香草豆莢、6 顆蛋黃、半公升牛奶、4 片杏仁蛋白霜小圓餅、麵粉。
桃子放到滾水裡燙煮。去皮對切。用 300 克的糖、半公升的水以及香草豆莢製作糖漿。把其中一半桃子浸到滾沸的糖漿裡。用蛋黃、50 克糖、滿滿 1 大匙麵粉製作卡士達醬。先拌勻材料。加入煮滾的牛奶，慢慢混合，開始滾的時候離火。放涼。待冷卻之後，拿一只焗烤盆，先倒入一層卡士達醬，再放入一層桃子，再覆上一層卡士達醬。
用擀麵棍把杏仁蛋白霜小圓餅和糖一起壓碎，做成糖杏仁之後撒在卡士達醬上，再加些許榛果大小的奶油。
放到烤箱裡烤到表面上色，趁熱吃，但是不要吃得太急。

克拉芙緹

材料：450 克櫻桃、125 克麵粉、100 克細白砂糖、2 顆蛋、牛奶、核桃大小的奶油。
櫻桃去梗、去核，但其實果核可以留著，味道更好。麵糊與製作可麗餅用的麵糊很像，把 50 克的糖、蛋、一小撮鹽、1 大杯牛奶混合均勻，但是不可太稀。拿一個做肉派用的烤模，裡面塗滿奶油。櫻桃緊密排好，倒入麵糊再撒上剩下的糖。用大火烤 45 分鐘左右。

櫻桃麵包

5 大匙麵粉與 2 杯水、一小撮鹽混合。再混入 450 克的去核櫻桃。倒入稍微有點深的盤子裡，盤子要先塗上奶油。撒上和青豆一樣大小的奶油粒。用大火烤約 1 小時。

櫻桃派

用 150 克麵粉、75 克奶油、一小撮鹽以及一點水，和出一團夠軟的麵團。拿烤舒芙蕾用的烤模，放入麵團，約七分滿。去核櫻桃裹上細白砂糖，放到麵團上，大約與烤模同高，再用剩下的麵團做成蓋子覆在上面並填滿周圍。記得要用紙板捲成煙囪狀，插在中間讓蒸氣可以散出。用中火烤大約 1 小時。趁熱搭配鮮奶油一起吃。

草莓慕斯

把 220 克草莓壓碎，過濾出草莓汁，混入細白砂糖裡，根據個人口味調整份量。蛋白打到硬性發泡後，加入甜草莓汁，小心拌勻。烤模塗上奶油，倒入混好的材料，用小火烤 10 分鐘。烤好馬上吃。

紅酒燉香蕉

準備與人數相同數量的香蕉。香蕉剝皮後對切，放進鍋裡用熱奶油將兩面煎到上色。將紅酒煮滾（等一下放入香蕉時，紅酒的量必須足以將之淹過），加入3大匙細白砂糖，每半公升紅酒要加1小撮肉桂粉。紅酒微滾10分鐘後，放入香蕉，燉煮大概12分鐘，趁熱吃。

焗烤香蕉

6人份：6根香蕉、1/3杯細白砂糖、2大匙融化的奶油、2大匙檸檬汁。
香蕉縱切成四等份，放入焗烤盆裡。細白砂糖與檸檬汁攪拌均勻後，一半淋在香蕉上。進烤箱用大火烤20分鐘。烤的時候不時用剩下的檸檬糖汁澆淋。趁熱吃或放涼再吃皆可。

香蕉冰淇淋

材料：半公升牛奶、5顆蛋黃、250克細白砂糖、150克鮮奶油、1小匙玉米澱粉、小撮鹽、4根香蕉。
使用的15分鐘前，用冰、海鹽、硝石層層交錯填滿冰淇淋機。
準備基底乳狀液：將牛奶加一小撮鹽，煮滾。同時拿一只盆子打入蛋黃，放入糖與玉米澱粉。用木匙拌攪至發白起泡。加入一點煮沸的牛奶攪一攪。再與剩下的牛奶一起倒入銅製的盆子裡，用小火煮，並持續攪拌直到變得濃稠，但注意不要煮滾。當乳狀液會黏在木匙上時，離火，靜置放涼。
接著剝掉香蕉皮，用叉子壓爛成香蕉泥。混入冷卻的乳狀液體裡，加入鮮奶油，慢慢攪拌均勻。接著用打蛋器打。
混合好的材料倒入鋪有一層冰塊的冰淇淋機裡，蓋上一張圓形的紙，再蓋上蓋子。轉動冰淇淋機的把手至少30分鐘，使乳狀液體慢慢凝固成形。
打開冰淇淋機，取出已經凝固的乳狀物，放到選好的模子裡，最好是錐形糖塔狀的，並用木湯匙壓一壓把空氣壓出。用紙把模子蓋起來，放在裝滿冰塊和鹽的窖桶裡1小時，讓乳狀物變成冰淇淋。
要吃的時候準備脫模：把模子從窖桶裡拿出來，首先用冷水淋過，再快速浸一下熱水，放到擺在盤子中央的小布墊上。

克勞德皇后李布里歐麵包

拿一個可以進烤箱的盤子，把布里歐麵包切片排在上面。接著在麵包上放滿對切的克勞德皇后李，撒上細白砂糖，用中火烤15分鐘。

紅衣醋栗

6人份。
摘下220克紅醋栗與220克白醋栗摘下來備用。200克的覆盆子去梗，壓成汁。取1顆檸檬榨汁，接著把覆盆子汁與檸檬汁一起過篩。加入200克左右的糖，或根據個人口味增減糖量。將覆盆子檸檬汁淋在雙色醋栗上。冷藏食用。

如何保存成串的葡萄

有陽光的時候，可以把它們掛在繩子上置於戶外，或者放在貯存室。它們需要一定熱度但不可有濕氣。如果放在室內則要確保通風良好，已經壓壞的葡萄要摘除。

葡萄乾的作法

將木頭灰燼放到水裡煮2小時。用乾淨的布將水過濾。接著再煮滾濃縮。放入完整的葡萄。可以先放一串葡萄試試看，如果葡萄沒有馬上變皺，就再把木灰水煮滾。接著用冷水沖洗。將這些葡萄放到通風良好且乾燥的地方。當我們要使用葡萄乾時，先用水清洗數次，再泡到溫水裡讓葡萄乾膨脹起來。

對頁：
香蕉冰淇淋是耶誕大餐的壓軸。（食譜見175頁）

茶點
Gâteaux pour le thé

司康

220 克麵粉、10 克英式發粉（泡打粉）、2 顆核桃大小的奶油。
麵粉與發粉與一小撮鹽混合。混合過程加入牛奶直到揉出一團有點軟的麵團。用沾了麵粉的擀麵棍擀開，再用薄杯緣的杯子壓出一個個圓形麵團。大火烤 15 分鐘。趁熱吃。吃的時候把司康橫切抹入奶油。

檸檬瑪德蓮

12 個檸檬瑪德蓮所需材料：125 克奶油、與奶油等量的麵粉以及糖、4 顆蛋、1 顆檸檬。
如果奶油不夠軟，將它放在爐子一角低溫處使之慢慢變軟。拿一只大盆，將糖、奶油與蛋黃混合，用打蛋器打到發白。蛋白打到軟性發泡。用湯匙一匙蛋白、一匙麵粉交替加入打到發白的蛋黃裡，直到全部加完。加入切得極細碎的檸檬皮。將瑪德蓮的烤模塗上奶油敷上薄薄一層麵粉，每個烤模裡舀入一甜點匙的麵糊。進烤箱用大火烤 12 分鐘，最多不可超過 15 分鐘，否則瑪德蓮會過乾。

熱那亞麵包

材料：300 克糖、250 克杏仁、5 顆蛋、100 克麵粉、125 克奶油、1 烈酒杯櫻桃白蘭地。
將奶油融成乳狀，放到一只盆子裡，與細白砂糖混合至濃稠狀。將蛋一個一個打入，同時不停拌打。杏仁壓成粉，與櫻桃白蘭地一起加入其中。最後再加入麵粉。烤模內部塗上奶油，倒入麵糊，進烤箱，用中火烤約 40 分鐘。

柳橙蛋糕

材料：100 克杏仁、100 克麵粉、100 克糖、2 顆蛋、1 顆柳橙。
杏仁去皮之後切碎再搗一搗。將糖與蛋黃確實混勻，直到呈現慕斯狀。一點一點加入過濾的柳橙汁、杏仁粉以及麵粉。蛋白打到硬性發泡，拌入。最後將麵糊倒入塗了奶油的蛋糕模，用小火烤 30 分鐘。

對頁：
司康、栗子餅、熱那亞麵包都是莫內偏愛的茶點。

肉桂吐司

烤12片吐司所需材料：200克奶油、150克糖、5大匙肉桂粉。
奶油、糖與肉桂粉充分揉合，再將之塗在一片片麵包上。進烤箱用大火烤。趁熱吃。

栗子餅

材料：250克栗子泥、125克奶油、125克糖、3顆蛋。
小火融化奶油，與栗子泥、糖、蛋黃以及打發的蛋白混合均勻。混入蛋白時要小心拌入。拿出有點深度的圓形小烤模，塗上奶油，倒入栗子糊，進烤箱用中火烤20分鐘。

蜂蜜小圓餅

材料：2顆蛋、125克細白砂糖、70克蜂蜜、150克麵粉。
蛋與糖混合，用力拌打足足5分鐘。加入蜂蜜，攪拌，再一點一點加入麵粉，逕至30分鐘。拿一個塗了奶油的烤盤，將麵糊分成一小團一小團倒在烤盤上，進烤箱用小火烤，烤到上色即拿出來。

蛋糕

將80克奶油隔水加熱使它變軟。再加入等量的糖快速攪拌。先打入一顆蛋，混合均勻後，再打入第二顆。倒入2大匙蘭姆酒，接著放入100克葡萄乾及糖漬水果丁。慢慢倒入150克麵粉。最後將麵糊倒入塗了奶油的蛋糕模裡，用小火烤約20分鐘。用刀刃測試熟度。

南特蛋糕

杏仁去皮之後搗碎。切一片檸檬皮。把220克的麵粉中間挖洞做成噴泉狀，中間放入220克細白砂糖、115克奶油、搗碎的杏仁、檸檬皮以及4顆蛋。混合所有材料。將麵團擀開，麵團應該要札實而非軟軟的，厚約數公厘。用薄杯緣的杯子壓出一個個圓形麵團，在每個麵團上撒一些杏仁碎片，接著在撒上糖之後，進烤箱用小火烤。

可麗餅（卡洛琳）

220 克麵粉、半公升牛奶、3 顆蛋、油、干邑白蘭地。將所有材料混合，如果麵糊看起來有點白，可以加入 1 顆蛋，若是麵糊顯得太稠，可以加點牛奶。請在 3 小時前製作麵糊。也可以把蛋白打發。可麗餅得在平底鍋上用一點奶油煎，而且要夠薄才行。

法式吐司

4 人份。拿一個深盤，倒入牛奶，加 2 大匙細白砂糖以及 2 大匙蘭姆酒。把 4 片乾掉的奶油麵包浸到裡面。當麵包片浸濕之後（不可以等到完全軟掉），取出放在另一個裝了打好的蛋液的盤子裡。兩面翻動浸滿蛋汁。拿一只大平底鍋，放入雞蛋大小的奶油，用大火煎到金黃上色。趁熱吃，上面要撒上滿滿的糖。

小麵包（米勒）

材料：450 克麵粉。拿一只盆子放麵包酵母粉，用一點水攪勻；接著一點一點倒入麵粉，揉成一團有點厚度的麵團。再加入 500 克麵粉。準備 1 杯溫牛奶，溶入 5 匙冰糖，加入 10 克細鹽、40 克奶油以及 2 顆蛋。再把這杯混合物倒入方才的大盆裡，與麵團混合直到麵團不會沾黏在盆子邊緣。不停攪拌之後，把麵團攤在一塊撒了麵粉的板子上，切成寬度與大支雪茄或是杏仁小圓餅差不多的大小，麵團大概要切成 30 幾塊。

把小麵團拿到廚房裡較熱的地方，靜置約 3 小時。再放到沾有麵粉的板子上，進烤箱用大火烤 10 分鐘，烤之前把 1 顆蛋黃和牛奶混合，在麵團上刷上一層蛋黃牛奶液。

果醬
Les confitures

冷製醋栗果凍

拿一條濾布，把紅色的醋栗放進去壓碎榨汁，過濾出純醋栗汁。
醋栗汁秤重，準備等量的冰糖。
慢慢把糖加入醋栗汁裡，一邊像製作美乃滋那樣攪拌。當冰糖完全溶解在醋栗汁裡後，繼續攪拌 10 分鐘。拿一支銀匙試一下味道。
一邊持續攪拌，一邊把醋栗糖汁倒入罐子裡，此時若有人手幫忙會比較方便。接著把裝滿醋栗糖汁的罐子放到乾燥陰涼處，不要蓋蓋子，風乾兩天，再蓋上蓋子。

李子果醬

挑選成熟但不要過熟的漂亮李子，去核。秤重。比例是 600 克糖兌 500 克李子。放到銅鍋裡煮糖，當糖煮到冒大泡泡時，倒入足以蓋滿銅鍋表面份量的李子。李子顏色煮透且用手指即可按下去時，離火。用叉子撈出李子，放入罐子裡。
再把鍋子放回爐子上，煮到糖漿冒大泡泡時，倒入另一批李子，重複前一次的動作，將煮好的李子撈出放入罐子裡。瀝出罐子裡多餘的糖漿，與銅鍋裡的糖漿一起煮，直到糖漿又冒大泡泡時關火。最後將煮好的糖漿倒入果醬罐裡，倒的時候要小心把李子稍微撈起，讓李子能充分浸滿糖漿。
杏桃果醬也可如法炮製。

罐頭
Les conserves

櫻桃罐頭

罐子洗乾淨。若是出水量多的水果像是醋栗、櫻桃、草莓，就要放滿整個罐子。而且，製作這幾種水果罐頭時，水只要一點點就夠了。把整罐罐子裝滿水果，扣好扣蓋。拿一口大鍋，底部鋪好一塊布，放入罐頭，注入冷水直到與罐頸同高。接著把大鍋蓋起來，放到爐子上用小火煮滾。火不可過大以免玻璃罐破裂。煮好之後，讓罐頭在水裡慢慢冷卻。若是煮的時間足夠，玻璃罐應該會呈顯完全密封狀態。製作櫻桃罐頭大概需要煮20分鐘。

酒釀櫻桃

挑選漂亮的蒙特莫倫西（Montmorency）櫻桃，櫻桃梗切去一半。將處理好的櫻桃放入玻璃罐中，加糖。比例是450克櫻桃兌125克糖。再倒滿蒸餾酒。作法與其他水果差不多，不需要特別的日曬。熟成時間需要2個月。請用透明的蒸餾酒製作。

牛肝菌罐頭（杜宏—胡耶爾）

準備新鮮完整的牛肝菌。仔細洗淨多次並擦乾，確保上面沒有沙子。放在一塊布上，用一整夜的時間風乾，再放入馬口鐵罐中，只要加入一點點鹽即可。鐵罐焊接密封。然後將密封的罐頭放到水裡煮3小時。

譯註：烤箱火溫對照表：文火：30°~60°C。小火：90°~120°C。中火：150°~180°C。大火：210°~240°C。極高溫：270°C以上

索引

LES SOUPES 湯品

LES ŒUFS 蛋類

LES SAUCES 醬汁

一如很多私人的食譜手札，這裡面有些食譜並沒有詳細的材料清單，儘管這會增加讀者實際操作的困難，但我們最後決定保留這樣的原始個人調性。

LES ENTREES 前菜

LES VOLAILLES 家禽

LES VIANDES 肉類

LE GIBIER 野味

LES POISSONS 海鮮類

LES DESSERTS 甜點

POUR LE THE 茶點

LES CONSERVES 罐頭

莫內家族關係圖

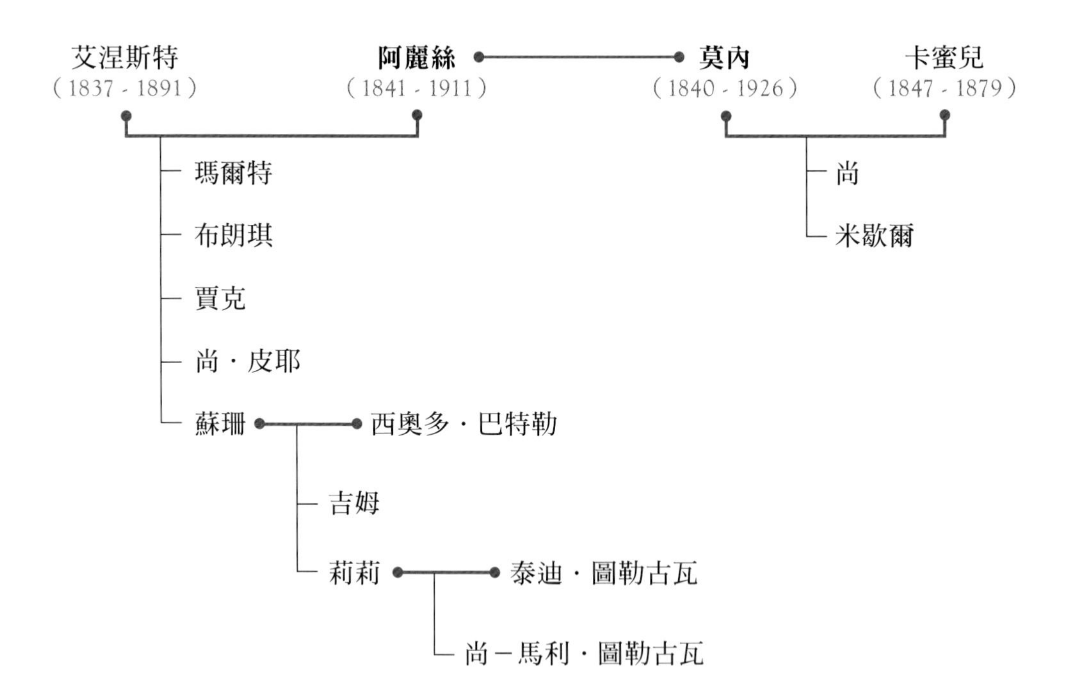
艾涅斯特
（1837 - 1891）
阿麗絲
（1841 - 1911）
莫內
（1840 - 1926）
卡蜜兒
（1847 - 1879）
瑪爾特
布朗琪
賈克
尚・皮耶
蘇珊
西奧多・巴特勒
吉姆
莉莉
泰迪・圖勒古瓦
尚－馬利・圖勒古瓦
尚
米歇爾

參考書目

Hélène ADHEMAR
Ernest Hoschedé in Aspects of Monet – *Ed. Abrams – New York 1984*
Janine BAILLY-HERZBERG
Correspondance de Camille Pissarro – *Ed. Valhermeil*
Marie BASHKIRTSEFF
Journal – *Ed. Nelson*
Marie Berhaut
Caillebotte – *Ed. Bibliothèque des Arts*
Robert COURTINE
Balzac à table – *Ed. Robert Laffont 1976*
Catalogue de tableaux modernes dépendant de la collection de M. Xxx
Hôtel Drouot 14 Avril 1876
Maître Oudart et Barre
Raymond DENAES
Guide Général de Paris – *Ed. L'Indispensable Paris*
Gravures du Bon Jardinier – *Ed. Librairie Agricole de la Maison Rustique, 1862*
Jean-Pierre HOSCHEDÉ
Claude Monet – *Ed. Cailler Genève*
Claire JOYES
Monet et Giverny – *Ed. Chêne, 1985*
Claire JOYES
Campagne de peinture in Claude Monet du temps de Giverny – *Ed. Centre Culturel du Marais, J. M. G.*
Docteur Edgar LEROY
Nostradamus Artiste ès Confutures in la cuisine considérée comme un des Beaux-Arts – *Ed. Du Tambourinaire, 1951*
Pierre LABRACHERIE
Petite Histoire des grands traiteurs parisiens in la cuisine considérée comme un des Beaux-Arts – *Ed. Du Tambourinaire, 1951*
William HARLAN HALE
Rodin et son temps – *Time-Life – Le monde des Arts*
Julie MANET
Journal – *Ed. Librairie C. Klingksieck*
Octave LIRABEAU
La 628 – E.8. – *Ed. Bibliothèque Charpentier*
Anne-Marie NISBEL et Victo-André MASSÉNA
L'Empire à Table – *Ed. Adam Biro, 1988*
P. L. PROST-LACUZON
Formulaire Homéopathique –*Ed. Librairie J. B. Baillière, 1889*
Marcel PROUST
Les hautes et fines enclaves du passé – *Ed. Le Temps Singulier*
Pierre RAINGO-PELOUSE
"Mes Ascendances, Tableau Généalogique"
Jules RENARD
Journal – *Ed. 10.18*
John REWALD
Histoire de l'Impressionnisme – *Ed. Albin Michel*
Grace SEIBERLING
Monet in London – *University of Washington Press*
Daniel Wildenstein
Monet – Catalogue Raisonné – Tomes I, II, III, IV – *Ed. Bibliothèque des Arts*

攝影版權

莫內的盛宴

印象派之父花園裡的烹飪筆記

原文書名　Les carnets de cuisine de MONET
作　　者　克萊兒．喬伊斯（Claire Joyes）、尚－馬利．圖勒古瓦（Jean-Marie Toulgouat）、喬埃．侯布雄（Joël Robuchon）
譯　　者　陳文瑤
特約編輯　陳錦輝

總 編 輯　王秀婷
責任編輯　李　華
版　　權　向艷宇
行銷業務　黃明雪、陳彥儒

發 行 人　凃玉雲
出　　版　積木文化
104台北市民生東路二段141號5樓
電話：(02) 2500-7696｜傳真：(02) 2500-1953
官方部落格：www.cubepress.com.tw
讀者服務信箱：service_cube@hmg.com.tw
發　　行　英屬蓋曼群島商家庭傳媒股份有限公司城邦分公司
台北市民生東路二段141號2樓
讀者服務專線：(02)25007718-9｜24小時傳真專線：(02)25001990-1
服務時間：週一至週五09:30-12:00、13:30-17:00
郵撥：19863813｜戶名：書虫股份有限公司
網站：城邦讀書花園｜網址：www.cite.com.tw
香港發行所　城邦（香港）出版集團有限公司
香港灣仔駱克道193號東超商業中心1樓
電話：+852-25086231｜傳真：+852-25789337
電子信箱：hkcite@biznetvigator.com
馬新發行所　城邦（馬新）出版集團 Cite（M） Sdn Bhd
41, Jalan Radin Anum, Bandar Baru Sri Petaling, 57000 Kuala Lumpur, Malaysia.
電話：(603) 90578822｜傳真：(603) 90576622
電子信箱：cite@cite.com.my

封面設計　王小美
製版印刷　上晴彩色印刷製版有限公司

城邦讀書花園
www.cite.com.tw

2017年（民106）1月10日　初版一刷
售　價／NT$550
ISBN　978-986-586-577-1

Printed in Taiwan.

國家圖書館出版品預行編目資料

莫內的盛宴：印象派之父花園裡的烹飪筆記 / 克萊兒.喬伊斯(Claire Joyes), 喬埃.侯布雄(Joël Robuchon), 尚-貝納.諾丹(Jean-Bemard Naudin)著；陳文瑤譯. -- 初版. -- 臺北市：積木文化出版：家庭傳媒城邦分公司發行, 民106.1
面；　公分
譯自：Les carnets de cuisine de Monet
ISBN 978-986-5865-77-1(平裝)

1.食譜 2.法國

427.12　　103020862